21世纪职业技术教育规划教材(计算机专业)

计算机组装与维护

主编　韩明刚

电子科技大学出版社

图书在版编目(CIP)数据

计算机组装与维护/韩明刚主编.—成都:电子科技大学出版社,2008.6

21世纪职业技术教育规划教材.计算机专业

ISBN 978-7-81114-894-7

Ⅰ.计… Ⅱ.韩… Ⅲ.①微型计算机—组装—专业学校—教材②微型计算机—维修—专业学校—教材 Ⅳ.TP36

中国版本图书馆 CIP 数据核字(2008)第 081832 号

21 世纪职业技术教育规划教材(计算机专业)

计算机组装与维护

主编 韩明刚

出　　版	电子科技大学出版社(成都市一环路东一段 159 号电子信息产业大厦　邮编:610051)
策划编辑	谢晓辉
责任编辑	谢晓辉
主　　页	www.uestcp.com.cn
电子邮箱	uestcp@uestcp.com.cn
发　　行	新华书店经销
印　　刷	北京广达印刷有限公司
成品尺寸	185 mm×260 mm　　　　印张　13　字数　334 千字
版　　次	2008 年 6 月第一版
印　　次	2008 年 6 月第一次印刷
书　　号	ISBN 978-7-81114-894-7
定　　价	23.00 元

前　言

本书面向职业院校计算机及应用专业学生，可作为计算机组装与维护课程教材，同时也特别适合计算机组装人员、计算机维修维护人员、计算机销售技术支持的专业人员和广大计算机爱好者自学使用。

本书通过理论和实践教学，使学生掌握计算机各部件的组成和工作原理、基本功能、性能特点、选购策略，可熟练地掌握计算机硬件的组装过程，安装常用的系统软件和应用软件，掌握计算机的日常维护和常见软、硬件故障的排除，具备应用常见外设及排除简单故障的能力。各章后面都有精心编排的习题，并安排有实训内容，读者通过练习和操作实践，可以巩固内容，加深理解。

本书主要特点如下：

1. 适合教学与自学。本书编写层次分明，条理清晰，叙述精炼，通俗易懂，书中采用当前流行的设备或技术（软件）进行讲解，内容新颖、全程图解，做到了手把手引导读者去完成计算机的组装与维护。

2. 即学即用。本书作者有着十几年的装机经历和教学经验，在计算机多年维修中积累了丰富的实践经验，书中知识和范例实用性极强，即学即用。

3. "授人以渔"。本书主要从计算机组装与维护的根本入手，更多讲解的是一种思路、一种方法，而不单单是让读者"照葫芦画瓢"。

全书分三部分十二章内容。第一部分为硬件篇，主要让读者认识 CPU、主板、内存等十几个计算机常见的标准配件，掌握各配件的主要技术指标，了解各配件的选购方法与技巧，以便读者能够合理配置和使用计算机。第二部分为组装篇，主要讲解计算机硬件的组装过程，BIOS 设置，硬盘的分区、格式化，操作系统与驱动程序的安装，系统优化等内容。通过实例，教会读者从计算机最基本的配件开始，逐步组装成一台完整的、实用的计算机系统。第三部分为维护篇，重点讲解计算机常见软、硬件故障及处理，计算机病毒与木马的预防与查杀，系统备份与还原等，以使读者能对计算机系统进行基本的维修和维护。

本书由韩明刚主编，其中，韩明刚编写了第 1 章、第 5 章、第 7 章，王辉编写了第 2 章、第 4 章，罗维编写了第 3 章，刘泽辉编写了第 6 章、第 11 章，李少华编写了第 8 章，谢丽丽编写了第 9 章，代顺编写了第 10 章，孙慧编写了第 12 章。全书由韩明刚统稿。

由于编者水平所限，书中难免存在疏漏、错误之处，敬请广大读者不吝批评指正。

此外，由于 IT 产品价格瞬息万变，本书所涉及各产品价格均以 2007 年暑期为依据，仅供参考。

编　者

2008 年 6 月

目　录

第一部分　硬　件　篇

第二部分　组　装　篇

第三部分　维　护　篇

第一部分
硬件篇

第 1 章　计算机硬件基础知识

【学习要点】 微型计算机硬件系统的组成；内存储器和外存储器；微型计算机的配件组成；微型计算机的技术指标。

本章主要介绍计算机的组成概貌及工作原理，使读者对计算机的总体结构有一个概括性的了解，为以后深入学习各章打下基础。

1.1　计算机系统的组成

一个实用的计算机系统是由硬件系统和软件系统两大部分组成的。

计算机系统是一个整体，既包括硬件又包括软件，两者是不可分的。计算机没有装入任何程序称为"裸机"，裸机是无法实现任何信息处理任务的；反过来，软件依赖硬件来运行，单靠软件本身，没有硬件的支持，软件也就失去了发挥其作用的舞台。对此有一个形象的比喻：硬件是"躯体"，软件是"灵魂"；硬件是"钢琴"，软件是"乐谱"。计算机系统组成示意图如图 1-1 所示。

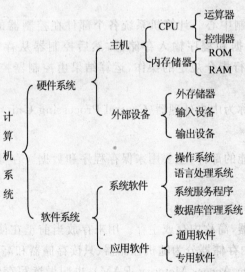

图 1-1　计算机系统组成示意图

1.1.1　计算机硬件系统

计算机硬件系统是指构成计算机的实际物理装置的集合，可以是电子的、磁的、机械的、光的元件或它们组成的计算机部件，是看得见、摸得着的一些实实在在的有形实体，通常称为硬件，如键盘、鼠标、显示器、打印机等。

从计算机硬件结构来看,计算机硬件系统采用的基本上还是计算机的经典结构——冯·诺依曼结构,即计算机硬件系统是由运算器、控制器、存储器、输入设备和输出设备五大部件组成,如图 1-2 所示。

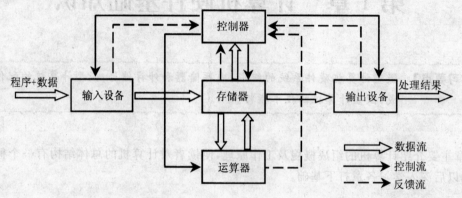

图 1-2　以存储器为中心的计算机结构框图

1. 运算器

运算器的功能是在控制器的指挥下,对信息或数据进行处理和运算,包括算术运算和逻辑运算,其内部有一个算术逻辑运算部件(Arithmetical Logic Unit,ALU)和若干个寄存器。运算器的主要功能是数据处理(运算)和暂存运算数据。

2. 控制器

控制器是计算机的控制中心。计算机系统各个部件在控制器的控制下协调地进行工作。控制器控制输入设备将数据和程序输入存储器,然后控制器从存储器中取出指令并进行分析,指挥运算器、存储器执行指令规定的操作,运算结果由控制器控制送存储器保存或送输出设备输出。

运算器和控制器一起称为中央处理器(Central Processing Unit),简称 CPU。

3. 存储器

存储器是具有记忆功能的部件,主要用来保存程序和数据。存储器分为内存储器和外存储器两类。

(1)内存储器

内存储器又称主存储器,简称内存或主存。用来存放当前正在使用或随时要使用的数据和程序,CPU 可直接访问。内存储器分为随机存储器、只读存储器和高速缓冲存储器。

①随机存储器(Random Access Memory,RAM):也叫做读写存储器,一种内容可改变的存储器。在加电时,可随时在存储器中写或读信息,一旦停电,哪怕仅一瞬间,RAM 中的信息将全部丢失。

我们通常在购机时所说的计算机内存容量指的就是 RAM 的容量。

②只读存储器(Read Only Memory,ROM):一种固定存储器,所存储的信息是由生产厂家或用户使用专用设备写入固化的,使用时只能读出,不能写入,断电后,存储器中的信息不会丢失,可靠性高。这种存储器主要用来存放那些固定不变、不需修改的程序和数据,如监控程序、基本 I/O 程序等标准子程序和有关计算机硬件的数据。

③高速缓冲存储器(Cache)：一种在 RAM 与 CPU 间起缓冲作用的存储器,所以称为高速缓冲存储器。从理论上讲,RAM 的读、写速度与 CPU 的工作速度不仅是越快越好,而且两者的速度应该一致。然而,随着 CPU 性能不断地提高,其时钟频率早已超过了 RAM 的响应速度,所以,在 CPU 的运行速度与 RAM 的存取速度之间存在着较大的时间差异。为了协调其速度差,目前解决这个问题的最有效办法是采用 Cache 技术,即在 CPU 与 RAM 两者之间增加一级在速度上与 CPU 相等,在功能上与 RAM 相同的高速缓冲存储器。所以,高速缓冲存储器的作用是在两个不同工作速度的部件之间,在交换信息的过程中起缓冲作用。

(2)外存储器

外存储器又称辅助存储器,简称外存或辅存。不能被 CPU 直接访问,必须将外存储器中的信息先调入内存储器才能为 CPU 所利用。与内存相比,其价格低、容量大、速度慢。外存储器一般用来存放需要永久保存的或相对来说暂时不用的各种程序和数据。

常见的外存主要有硬盘、移动硬盘、U 盘和光盘等,大都必须通过各自的盘驱动器才能运行。

CPU 和内存合称为主机。

4.输入设备

输入设备是向计算机中输入信息的设备,主要作用是把准备好的程序、数据等信息转变为计算机能接收的电信号送入计算机。例如,用键盘输入信息时,敲击它的每个键位都能产生相应的电信号并送入计算机。目前常用的输入设备有键盘、鼠标、手写板、话筒、摄像头、光笔、扫描仪、条形码读入仪、触摸屏等。

5.输出设备

输出设备正好与输入设备相反,是用来输出结果的部件。要求输出设备能以人们所能接受的形式输出信息,如以文字、图形的形式在显示器上显示或在纸上打印出来等。常见的输出设备有显示器、打印机、绘图仪、音箱等。

输入设备和输出设备统称为输入/输出设备(Input/Output device),简称 I/O 设备。除主机之外的所有设备通常称为外部设备(包括输入/输出设备和外存储器),简称外设,主机和外设组成一台计算机。

1.1.2　计算机软件系统

计算机软件系统通常称为软件,是相对于硬件而言的,是为运行、管理和维护计算机而编制的程序和文档的总称。程序是由一系列指令组成的,每一条指令都能激发机器进行相应的操作。当程序执行时,其中的各条指令就依次发挥作用,指挥机器按照指定的顺序完成特定的任务。

软件系统可分为系统软件和应用软件。

1.系统软件

系统软件由一组控制计算机系统并管理其资源的程序组成,其主要功能包括:启动计算机,存储、加载和执行应用程序,对文件进行排序、检索,将程序语言翻译成机器语言等。实际上,系统软件可以看成用户与计算机的接口,它为应用软件和用户提供了控制、访问硬件的手段。计算机没有系统软件的支撑,就无法安装应用软件,最终它依旧是一台"裸机",将一事无成。此外,编译系统和各种工具软件也属此类,它们从另一方面辅助用户使用计算机。

系统软件包括操作系统、语言处理系统、服务程序和数据库系统。

2. 应用软件

为解决各种实际问题而设计的程序系统称为应用软件。从其服务对象的角度又可分为通用软件和专用软件。

1.1.3 计算机的工作原理

计算机的基本工作原理是由美籍匈牙利科学家冯·诺依曼(John Von Neumann)于 1946 年首先提出来的。冯·诺依曼的基本思想可以概括为以下三条：

1. 采用二进制数的形式表示程序和数据

在计算机内部采用二进制来表示程序(指令序列)和数据。二进制只有"0"和"1"两个数码，它既便于硬件的物理实现又有简单的运算规则，故可简化计算机结构，提高可靠性和运算速度。

2. 将程序和数据存放在存储器中

计算机的工作过程是由"存储程序"控制的。所谓"存储程序"，就是把指挥计算机如何进行操作的程序和处理问题所需的原始数据均以二进制编码的形式预先按一定顺序存放到计算机的存储器里。计算机运行时无须操作人员干预，能自动依次从存储器里逐条取出指令，执行一系列的基本操作，最后完成一个复杂的运算，实现计算机的自动计算。

3. 计算机硬件由运算器、控制器、存储器、输入设备和输出设备五大部分组成

计算机由运算器、控制器、存储器、输入设备和输出设备五部分组成，数据由输入设备送至存储器，在做运算处理时，数据又从存储器送至运算器进行运算，运算的中间结果存入存储器，而指令由存储器送入控制器，由控制器分析指令，并产生一系列的微命令，有序地控制各部件协调一致地工作，完成各种运算。

由此可见，计算机工作原理的核心是"程序存储"和"程序控制"，就是通常所说的"顺序存储程序"概念。到目前为止，虽然计算机的设计制造技术有了很大发展，但仍然没有脱离冯·诺依曼的基本思想，我们把按照这一原理设计的计算机称为冯·诺依曼型计算机。

1.2 微型计算机的硬件系统

微型计算机，又称 PC(Personal Computer，个人计算机)，它的硬件结构仍是冯·诺依曼型结构，与一般计算机有许多共性。它的一个显著特点是把计算机的核心部件运算器和控制器集成在一块集成电路芯片内，称为微处理器(Micro Processing Unit，MPU)，用来和大、中、小型机的中央处理器(CPU)相区别。由于当今的中央处理器都是集成化的，所以 MPU 和 CPU 实际上是一回事，不过人们更习惯于称其为 CPU。

1.2.1 微型计算机的基本结构

一个完整的微型计算机硬件系统是由总线将 CPU、内存储器和外部设备联在一起而构成的。

所谓总线，是指计算机系统中能够为多个部件共享的一组公共信息传输线路。它们是计算机各部件之间进行信息传送的公共通道，也是整个计算机系统的"中枢神经"，所有的地址、数据、控制信号都是经由这组总线传输的，如图 1-3 所示。

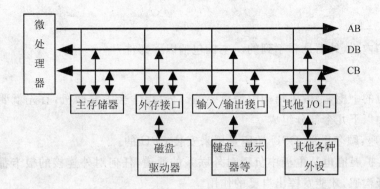

图 1-3　微型计算机总线结构图

总线按其功能及系统传输信息的不同可分为三类:数据总线、地址总线和控制总线。

1. 数据总线(Data Bus, DB)

数据总线用来在各功能部件之间传输数据信息,它的传输方向是双向的,其位数与机器字长、存储字长有关。数据总线的条数称为数据总线的宽度,它是衡量系统性能的一个重要参数。

2. 地址总线(Address Bus, AB)

地址总线主要用来指出数据总线上源数据或目的数据在主存储单元或 I/O 端口的地址。地址总线为单向传输。地址总线的位数决定了 CPU 的寻址能力,也决定了微型机的最大内存容量。

3. 控制总线(Control Bus, CB)

控制总线是用来传输各种控制信号的传输线。它的条数由 CPU 的字长决定。

1.2.2　微型计算机的配件组成

前面我们讲过计算机硬件系统是由运算器、控制器、存储器、输入设备和输出设备五大部件组成,这是从功能上来划分的。在实际应用中,一台标准配置的微型计算机是由 CPU、主板、内存、硬盘、显卡、声卡、网卡、显示器、音箱、光驱、软驱、机箱、电源、键盘和鼠标等配件组成,如图 1-4 所示。习惯上,我们把这些配件分成四类:主机、板卡、驱动器和外围设备。下面简略讲解微型计算机各组成部分(后面章节会详细讲解),让我们对微型计算机有一个整体认识。

图 1-4　微型计算机整机外观和机箱内部图

1. 主机

主机在机箱内,从外面是看不到的。主机包括以下部件:

(1)主板

主板是微机的中枢,是微机结构中最重要的部分,想学会维修微机,首先就要了解主板的构成。主板主要由以下几个部分组成:

① CPU 插座:顾名思义,CPU 插座是用来安装 CPU 的。

② 扩展槽:扩展槽也是主板中负责对外联系的通道,任何对外连接的板卡都要插在扩展槽上才能够和主板沟通,才能发挥出自己的作用。

③ DIMM 插槽:内存插槽,用来安装内存用。

④电源插座:电源插座是用来连接电源的。

⑤数据线插槽:主要用于连接各驱动器,以便和内存交换数据。

(2)CPU

CPU 在微机中的作用就等同于人体内的心脏,所以 CPU 的好坏直接影响到整台微机的运行情况是否良好。

(3)内存

内存在微机中的重要性和地位仅次于 CPU,其品质的优劣对微机性能有至关重要的影响。

2. 板卡

板卡部分也深藏在机箱内,不过可以从微机背面看到这些板卡,一般我们常安装的板卡有:显卡、声卡、网卡、SCSI 卡等。这些卡的作用从名字上就能看出来,这里就不再作介绍了。

3. 驱动器

驱动器也安装在机箱内,常见的有软盘驱动器、光盘驱动器、硬盘驱动器等,是长期、大量保存程序和数据的设备。

4. 外围设备

外围设备部分是指微机的一些外接设备,必不可少的是显示器、键盘、鼠标和音箱。当然,我们还可按照自己的使用需求添加别的设备。例如:要电话拨号上网的添加调制解调器、要打印文件的添加打印机、要录音的添加麦克风等。当连接的外围设备越多,表示微机配置越全,当然功能也就越强。

此外,电源提供软盘驱动器、硬盘、光盘驱动器和主板等所需的电源,而主板又提供 CPU、内存、板卡、键盘和鼠标等所需的电源。有充足的电源,计算机才能正常运行。还有机箱,它保护、屏蔽整个主机系统,装备各种开关、指示灯等,是微机中非常重要而又容易被人们忽视的一个配件。

1.2.3　微型计算机的技术指标

计算机的技术性能由它的系统结构、指令系统、硬件组成、软件及外部设备配置等多方面因素决定,下面以微型机系统为例,简要介绍几项主要的技术性能指标。

1. 字长

字长是指 CPU 一次最多可同时传送和处理的二进制位数。字长是由 CPU 内部的寄存器、加法器和数据总线的位数决定的。字长标志着计算机处理信息的精度。字长越长,精度越高,速度越快,但价格也越高。例如:常用字长有 8 位(XT)机、16 位(286)机、32 位(386、486、Pentium 系列)机、64 位(Intel Core 2、AMD Athlon 64 系列)机。

2. 主频

时钟频率又称主频,它是指 CPU 内部晶振的频率,即 CPU 在单位时间(秒)内发出的脉冲数,常用单位为 MHz 或 GHz,如 Pentium Ⅲ/800 的主频是 800 MHz、PIV/3.6 G 的主频是 3.6 GHz 等。主频在很大程度上决定了计算机的运算速度,一般来说,主频越高,计算机的运算速度越快。

3. 存储器容量

(1)内存容量

内存容量指内存储器能够存储信息的总字节(Byte)数。内存容量的大小反映了计算机存储程序和处理数据能力的大小,容量越大,运行速度越快。

(2)外存容量

外存容量指外存储器所能容纳的总字节数。外存容量通常是指硬盘容量,外存容量越大,可存储的信息就越多,可安装的应用软件就越丰富。

4. 运算速度

运算速度是指计算机每秒钟能执行的指令条数。常用单位是 MIPS(百万次每秒)。这个指标更能直观地反映机器的速度。

5. 存取周期

存储器完成一次读/写操作所需的时间称为存储器的存取时间或访问时间。存储器连续进行读/写操作所允许的最短时间间隔,称为存取周期。存取周期越短,则存取速度越快,它是反映存储器性能的一个重要参数。通常,存取速度的快慢决定了运算速度的快慢。

此外,还有计算机的总线及接口、外部设备的配置,软件的配置,计算机的可靠性、可用性和可维护性等也是衡量计算机性能的重要指标。

1.3　实　　训

微机硬件系统组成与外设的认识

【目的与要求】

1. 了解微型计算机系统的硬件组成。

2. 初步认识微型计算机硬件系统的各组成部件。

【实训内容】

1. 认识一台已经组装好的微型计算机,重点了解各部件的作用、结构、型号及连接情况。

2. 试着找出计算机的五大功能部件所对应的实际物理硬件。

1.4　习　　题

一、填空题

1. 一个实用的计算机系统是由_____和_____两大部分组成的。

2. 通常把含有_____和_____的集成电路称为微处理器,简称 MPU。

3. 存储器分为_____和_____两类。中央处理器只能直接访问存储在_____中的数据,而_____中的数据只有调入内存后才能被中央处理器访问、处理。

4. CPU 与内存储器构成了计算机的_____,_____与_____统称为外部设备。

5. 反映 CPU 性能的重要指标是_____和_____。

6. 内存是用来存放当前正在使用或随时要使用的数据和程序,CPU 可直接访问,分为_____存储器、_____存储器和_____存储器三种。

7. 常见的外存主要有_____、_____和_____,都必须通过各自的盘驱动器才能运行。

8. _____是计算机中传送数据、信息的公共通道。

9. _____软件可以看成是用户与计算机的接口,它为应用软件和用户提供了控制、访问硬件的手段。计算机没有该软件的支撑,最终它依旧是一台_____,将一事无成。

10. 为解决实际问题而设计的程序系统称为_____软件。从其服务对象的角度,又可分为_____软件和_____软件。

11. 衡量微型计算机性能的主要技术指标有_____、_____、_____、_____、_____。

二、选择题

1. 下列存储器中存取速度最快的是( )。
   A. 软盘存储器   B. 硬盘存储器
   C. 光盘存储器   D. 内存储器

2. 下列存储器断电后信息将会丢失的是( )。
   A. ROM   B. RAM
   C. CD-ROM   D. 磁盘存储器

3. "Pentium Ⅲ/800"中的"800"的含义是( )。
   A. 最大内存容量   B. 最大运算速度
   C. 最大运算精度   D. CPU 的时钟频率

4. 下面( )组设备包括输入设备、输出设备和存储设备。
   A. CRT、CPU、ROM   B. 鼠标、绘图仪、硬盘
   C. 磁盘、鼠标、键盘   D. 磁带、打印机、激光打印机

5. 计算机内进行算术运算与逻辑运算的功能部件是( )。
   A. 硬盘驱动器   B. 运算器
   C. 控制器   D. RAM

6. 计算机的硬件系统由( )各部分组成。
   A. 控制器、显示器、打印机、主机、键盘
   B. 控制器、运算器、存储器、输入/输出设备
   C. CPU、主机、显示器、打印机、硬盘、键盘
   D. 主机箱、集成块、显示器、电源、键盘

7.计算机中访问速度最快的存储器是(　　)。

  A. RAM   B. Cache   C. 光盘   D. 硬盘

8.存储的内容在被读出后并不被破坏,这是(　　)的特性。

  A. RAM   B. 磁盘   C. 内存   D. 存储器共有

9.下面配件没有插在主板上的是(　　)。

  A. 显卡   B. 硬盘   C. 内存   D. CPU

10.如果我们要使用电话拨号上网,一般要添加的硬件是(　　)。

  A. 摄像头   B. 网卡

  C. 传真卡   D. 调制解调器

三、判断题

1. 运算器是完成算术运算和逻辑运算的核心处理部件,通常称为 CPU。   (　　)

2. 内存储器属于外部设备,不能与 CPU 直接交换信息。   (　　)

3. 软盘驱动器和硬盘驱动器都是内存储器。   (　　)

4. 微型计算机中,打印机是标准的输入设备。   (　　)

5. 和外存储器相比,内存的速度更快、容量更大。   (　　)

6. 计算机软件可分为操作系统和应用软件。   (　　)

7. 一个完整的计算机系统由硬件系统和软件系统组成。   (　　)

8. 在计算机中采用二进制数来存储数据,是因为二进制数计算简单的缘故。 (　　)

9. 数据库管理系统属于应用软件。   (　　)

10.微型计算机的更新与发展,主要基于微处理器的变革。   (　　)

11.微型计算机配置高速缓冲存储器是为了解决 CPU 和内存之间速度不匹配问题。

                       (　　)

12.微型计算机的性能指标完全由 CPU 决定。   (　　)

四、问答题

1.简述计算机系统的硬件系统和软件系统两大部分之间的关系。

2.微型计算机的硬件系统由哪几部分组成?

3.计算机的基本工作原理是由哪位科学家提出的?其基本思想是什么?

4.计算机的软件是如何分类的?

5.简述微型计算机的配件组成。

第2章 主　机

【学习要点】 CPU 的技术指标；CPU 的结构认识及选购；主板功能及选购；内存的技术指标及选购；电源技术指标。

在微型计算机中，主机包含了计算机所有的主要运算设备，数据的运算、程序的执行都是在主机中完成的。在前面我们提到 CPU 和内存合称为主机，这是从计算机组成原理方面来说的。在实际生活中，主机一般包括 CPU、主板、内存三大核心部件及机箱、电源等辅助部件。

2.1　CPU

CPU 是整个系统的核心，也是整个系统中级别最高的执行单位，它负责整个系统指令的执行、算术与逻辑运算、数据存储、传送及输入/输出的控制。CPU 分为控制单元、逻辑单元和存储单元三大部分。一般来说，CPU 决定一台电脑的性能和档次。

2.1.1　CPU 的发展史

微型计算机 CPU 的发展史一般以 Intel 的 CPU 为各时期的代表。

1971 年 11 月 15 日，Intel 公司首片 CPU 4004 横空出世，如图 2-1 所示，开创了微处理器时代新纪元。比起现在的 CPU，CPU 4004 显得很可怜，它的字长为 4 位，只有 2 300 个晶体管，时钟频率为 108 kHz，功能相当有限，而且速度还很慢。

1972 年 4 月，Intel 公司开发出第一个 8 位微处理器 Intel 8008。随后，Intel 公司又研制出了 8080 处理器、8085 处理器，加上当时 Motorola 公司的 M6800 微处理器和 Zilog 公司的 Z80 微处理器，一起组成了 8 位微处理器的家族。

图 2-1　Intel 4004 CPU

1978 年 6 月，Intel 公司首次生产出 16 位的微处理器，并命名为 8086，同时还生产出与之相配合的数学协处理器 8087，这两种芯片使用互相兼容的指令集（但在 8087 指令集中增加了一些专门用于对数、指数和三角函数等数学计算指令），由于这些指令应用于 8086 和 8087，因此被人们统称为 X86 指令集，这就是 X86 指令集的来历。此后 Intel 推出的新一代的 CPU 产品，均兼容原来的 X86 指令。

1979 年 6 月，Intel 推出准 16 位微处理器 8088，它是 8086 的廉价版本，内含 29 000 个晶体管，时钟频率为 4.77 MHz，地址总线为 20 位，寻址范围仅仅是 1 MB 内存。8088 内部数据总线都是 16 位，外部数据总线是 8 位。

1981 年，8088 芯片被首次用于 IBM PC 机当中。IBM 公司在纽约宣布第一台 IBM PC 诞生，IBM 将其命名为"个人电脑（Personal Computer）"，不久"个人电脑"的缩写"PC"成为所有个人电脑的代名词。

1982 年 2 月，Intel 推出的 80286 微处理器，相比 8086 和 8088 有了飞跃的发展，虽然它仍旧是 16 位结构，但在 CPU 的内部集成了 13.4 万个晶体管，时钟频率由最初的 6 MHz 逐步提高到 20 MHz。其内部和外部数据总线皆为 16 位，地址总线为 24 位，可寻址 16 MB 内存。80286 也是应用比较广泛的一款 CPU。

1985 年 10 月，Intel 推出了 80386 微处理器，它是 X86 系列中的第一个 32 位微处理器，而且制造工艺也有了很大的进步。80386 内含 27.5 万个晶体管，时钟频率为 12.5 MHz，后逐步提高到 33 MHz，内部和外部数据总线都是 32 位，地址总线也是 32 位，可寻址高达 4 GB 内存，可以使用 Windows 操作系统了。

1989 年，80486 横空出世。80486 是 Intel 第一个内部包含数学协处理器的 CPU，并在 X86 系列中首次使用了 RISC（精简指令集）技术，从而提升了每时钟周期执行指令的速度。80486 处理器集成了 125 万个晶体管，时钟频率由 25 MHz 逐步提升到 33 MHz、40 MHz、50 MHz 及后来的 100 MHz。

1993 年，全面超越 486 的新一代 586 处理器问世，为了摆脱 486 时代处理器名称混乱的困扰，Intel 公司把自己的新一代产品命名为 Pentium（奔腾），以区别 AMD 和 Cyrix 的产品。与此同时，AMD 和 Cyrix 也分别推出了 K5 和 6X86 处理器来对付 Intel 公司（Cyrix 6X86、Cyrix Media GX 及 AMD K5 和 Pentium 是同一级别的 CPU），但是由于奔腾处理器的性能最佳，Intel 逐渐占据了大部分市场。从此以后，"奔腾的芯"成了高级 PC 的代名词。

接下来的发展更加迅速：

1995 年 11 月，Pentium Pro（高能奔腾）出现。

1997 年 1 月，Pentium MMX 出现。与此同时，作为 Intel 的主要竞争对手，AMD 也发布了 AMD K6 处理器。

1997 年 4 月，Intel 发布了 Pentium Ⅱ 处理器。

1999 年，Intel 发布了低端的 Celeron（赛扬）处理器。简单地说，Celeron 与 Pentium Ⅱ 并没有本质上的不同，因为它们的内核是一样的，最大的区别在于：Celeron 在 Pentium Ⅱ 的基础上省掉了 L2 Cache。

1999 年 1 月，Intel 推出 Pentium Ⅲ 处理器。同年 8 月，AMD 公司发布 Athlon（K7）处理器，开创了 K7 CPU 神话的篇章。K7 之后，为了对抗 Intel，AMD 的 CPU 也推出了低端和高端两个系列：低端的 Duron（毒龙）与高端的 Athlon（速龙）CPU。

2000 年 11 月，Intel 发布了 Pentium 4 处理器，其主频将近 3.0 GHz。

2002 年 1 月 8 日，Intel 正式发布了 Northwood 核心的 P4 处理器。

2002 年 11 月，Intel 发布了拥有超线程技术的 3.06 GHz 的 Pentium 4 处理器。

2004 年 2 月 2 日，Intel 正式推出采用 90 nm 工艺生产的 Prescott 核心 P4 处理器。这款处理器内部集成了 $1.25×10^{12}$ 万个晶体管，同时，Prescott 还集成 13 条新的 HT 指令集，并采用 7 层铜连接 Low-K 硅片技术。

从 386、486 直到奔腾系列的 CPU 都是 32 位，大多数情况 32 位计算已经能满足现阶段人们的需要。2003 年 4 月，AMD 公司推出首款 64 位处理器 Athlon 64，这是一款采用 X86 兼容架构的 64 位 CPU，它最大的特点就是在支持 64 位数据寻址的同时，向下兼容 32 位数据寻址，妥善解决了 CPU 从 32 位到 64 位的过渡和兼容问题，从而掀起了桌面处理器从 32 位向 64 位过渡的技术革命。2004 年 3 月，Intel 也发布了其首款 64 位 Xeon 处理器，它采用 EM64T（Intel Extended Memory 64 Technology）技术，同时支持 32 位和 64 位运算，在运行 64 位程序时采用 64

位工作方式,而在处理 32 位运算时依然是 IA32(即 X86)工作结构,这实际上被称为 X86-64 架构。

从 20 世纪 70 年代开始到 2005 年,在 30 多年的时间里,桌面 CPU 都是以单核的形式出现的,这个阶段的 CPU 的明显特征就是以频率论英雄,但频率提升的瓶颈越来越突出。然而在逆水行舟的 IT 发展道路上,CPU 只能是永远向前发展的。在高频产品"吃力不讨好"的情况下,双核/多核技术就成了目前提升处理器性能的唯一解决方案。从 2006 年开始,双核处理器的出现标志着以频率论英雄的年代正式结束,无论是业界巨擘 Intel 还是 AMD 都已经明确表示,今后 CPU 将会是双核乃至多核的世界!

2005 年时,双方对双核产品的发布日期都是一改再改。最终 Intel 还是凭着强劲的实力于 2005 年 4 月 18 日率先发布了全球首款桌面双核处理器 Pentium D,而 AMD 也在 2005 年 5 月 31 日发布了桌面双核处理器 Athlon 64 X2。

算一下微处理器的发展史也不过 30 多年,但在这 30 多年里微处理器的发展历程却是天翻地覆的变化。从 Intel 的 4004 开始,到 Intel、AMD、Cyrix 三足鼎立,到 Intel 一家独大,再到现在 Intel、AMD 分庭抗衡。时代的进步,科技的发展,CPU 将向着速度更快、64 位结构、多核心方向前进。CPU 的制作工艺将更加精细,制造工艺的提高,意味着体积更小,集成度更高,耗电更少。

2.1.2　CPU 的主要性能指标

CPU 的性能大致上反映出了它所配置的微机的性能,因此 CPU 的性能指标十分重要。CPU 主要的性能指标有以下几点:

1. 主频、外频和倍频

前面已经讲过,主频(CPU Clock Speed)也就是 CPU 的时钟频率,简单地说也就是 CPU 的工作频率。一般说来,一个时钟周期完成的指令数是固定的,所以主频越高,CPU 的速度也就相对越快。不过由于各种 CPU 的内部结构不尽相同,所以并不能完全用主频来概括 CPU 的性能。至于外频就是系统总线的工作频率;而倍频则是指 CPU 外频与主频相差的倍数。用公式表示就是:主频＝外频×倍频。

2. 内存总线速度

内存总线速度或者叫系统总线速度,一般等同于 CPU 的外频。内存总线的速度对整个系统性能来说很重要,由于内存速度的发展滞后于 CPU 速度的发展,为了缓解内存带来的瓶颈,所以出现了二级高速缓存,以协调两者之间的差异,而内存总线速度就是指 CPU 与二级高速缓存和内存之间的工作频率。

3. 工作电压

工作电压指的是 CPU 正常工作所需的电压。早期 CPU(386,486)由于工艺落后,它们的工作电压一般为 5 V,发展到奔腾 586 时,已经是 3.5 V/3.3 V/2.8 V 了,随着 CPU 的制造工艺与主频的提高,CPU 的工作电压有逐步下降的趋势,Intel 最新出品的 CPU 工作电压已经降到 1 V 以下了。低电压能解决耗电过大和发热过高的问题,这对于笔记本电脑尤其重要。

4. 数学协处理器

在 486 以前的 CPU 里面,是没有内置数学协处理器的。由于数学协处理器主要的功能就是负责浮点运算,因此 8088、286、386 等微机 CPU 的浮点运算性能都相当落后,自从 486 以后,

CPU 一般都内置了数学协处理器,数学协处理器的功能也不再局限于增强浮点运算。现在 CPU 的浮点单元(数学协处理器)往往对多媒体指令进行了优化。比如 Intel 的 MMX 技术,MMX 是"多媒体扩展指令集"的缩写。MMX 是 Intel 公司在 1997 年为增强 Pentium CPU 在音像、图形和通信应用方面而采取的新技术。为 CPU 新增加 57 条 MMX 指令,把处理多媒体的能力提高了 60% 左右。

5. L1 高速缓存

L1 高速缓存(Level 1 Cache),也就是我们经常说的一级缓存,简称 L1 缓存或 L1 Cache。在 CPU 里面内置高速缓存可以提高 CPU 的运行效率。内置的 L1 缓存的容量和结构对 CPU 的性能影响较大,不过高速缓存均由静态 RAM 组成,结构较复杂,在 CPU 管芯面积不能太大的情况下,L1 缓存的容量不可能做得太大,一般为 32 KB~256 KB。

6. L2 高速缓存

L2 高速缓存(Level 2 Cache),也就是我们经常说的二级缓存,简称 L2 缓存或 L2 Cache。Intel 公司从 Pentium 时代开始把缓存进行了分类。当时集成在 CPU 内核中的缓存已不能满足 CPU 的需求,而制造工艺上的限制又不能大幅度提高缓存的容量,因此出现了集成在与 CPU 同一块电路板上或主板上的缓存,此时就把集成在 CPU 内核中的缓存称为一级缓存,而外部的缓存称为二级缓存。随着 CPU 制造工艺的发展,二级缓存也能轻易地集成在 CPU 内核中,容量也在逐步提升。现在再用是否集成在 CPU 内部来定义一、二级缓存已不准确。二级缓存是表现 CPU 性能的关键指标之一,在 CPU 核心不变化的情况下,增加二级缓存容量能使 CPU 性能大幅度提高。而同一核心的 CPU 高低端之分往往也是在二级缓存上有差异,由此可见二级缓存对于 CPU 的重要性。现在普通台式机 CPU 的 L2 缓存一般为 128 KB~2 MB 或者更高。

7. 制造工艺

最初的 Pentium CPU 的制造工艺是 0.8 μm,Pentium Ⅱ 制造工艺是 0.25 μm,Pentium 4 第一代的制造工艺达到 0.18 μm,现在最新的 CPU 制造工艺已经达到了 65 nm 以下。

2.1.3 CPU 的封装和接口形式

1. CPU 的封装形式

作为计算机的重要组成部分,CPU 的性能直接影响计算机的整体性能。而 CPU 制造工艺的最后一步也是最关键一步就是 CPU 的封装技术,所谓"封装技术"是一种将集成电路用绝缘的塑料或陶瓷材料打包的技术。采用不同封装技术的 CPU,在性能上存在较大差距。目前较为常见的封装形式有以下三种:

(1)FC-PGA2 封装

FC-PGA2 封装与 FC-PGA 封装类型很相似,但 FC-PGA2 封装的 CPU 还具有集成式散热器(IHS)。IHS 与片模有很好的热接触并且提供了更大的表面积以更好地发散热量,所以它显著地增加了热传导。FC-PGA2 封装用于 Intel Pentium Ⅲ CPU、Celeron CPU(370 针)和 Pentium 4 CPU(478 针)。

(2)PLGA 封装

PLGA 封装没有使用针脚,而是使用了细小的点式接口,所以 PLGA 封装明显比以前的 FC-PGA2 等封装具有更小的体积、更少的信号传输损失和更低的生产成本,可以有效提升处理

器的信号强度、提升处理器频率,同时也可以提高处理器生产的良品率、降低生产成本。目前
Intel 公司 Socket 775 接口的 CPU 采用了此封装。

(3)mPGA 封装

mPGA 又称微型 PGA 封装,目前 AMD 公司的 Athlon 64 等 CPU 采用了此封装,是一种先进的封装形式。

2. CPU 的接口类型

我们知道,CPU 需要通过某个接口与主板连接才能进行工作。CPU 经过这么多年的发展,采用的接口方式有引脚式、卡式、触点式、针脚式等,对应到主板上就有相应的插座类型。CPU 接口类型不同,在插孔数、体积、形状等方面都有变化,所以不能互相接插。以下是常见的接口类型:

(1)Socket 478

Socket 478 接口是早期 Pentium 4 系列 CPU 和 P4 Celeron 系列 CPU 所采用的接口类型,针脚数为 478 针。Socket 478 的 Pentium 4 处理器面积很小,其针脚排列极为紧密。目前这种 CPU 已经逐步退出市场。

(2)Socket 775

Socket 775 又称为 Socket T,是目前应用于 Intel LGA 775 封装的 CPU 所对应的接口,与以前的 Socket 478 接口 CPU 不同,Socket 775 接口 CPU 的底部没有传统的针脚,而代之以 775 个触点,即并非针脚式而是触点式,通过与对应的 Socket 775 插座内的 775 根触针接触来传输信号。Socket 775 接口不仅能够有效提升处理器的信号强度、提升处理器频率,同时也可以提高处理器生产的良品率、降低生产成本。随着 Socket 478 的逐渐淡出,Socket 775 已逐渐成为目前所有 Intel 桌面 CPU 的标准接口。

(3)Socket 940

Socket 940 是最早发布的 AMD 64 位 CPU 接口标准,具有 940 根 CPU 针脚,支持双通道 ECC DDR 内存。最初的 Athlon 64 FX 采用此接口,目前基本已被淘汰。

(4)Socket 939

Socket 939 是 AMD 公司 2004 年 6 月才推出的 64 位桌面平台接口标准,具有 939 根 CPU 针脚,支持双通道 DDR 内存。以前采用此接口的有高端的 Athlon 64、Athlon 64 FX 和 Athlon 64 X2,随着 AMD 从 2006 年开始全面转向支持 DDR2 内存,Socket 939 被 Socket AM2 所取代,在 2007 年初完成自己的历史使命从而被淘汰。

(5)Socket AM2

Socket AM2 是 2006 年 5 月底发布的 AMD 64 位桌面 CPU 的接口标准,具有 940 根 CPU 针脚。虽然同样都具有 940 根 CPU 针脚,但 Socket AM2 与原有的 Socket 940 在针脚定义以及针脚排列方面都不相同,并不能互相兼容。目前采用 Socket AM2 接口的有低端的 Sempron、中端的 Athlon 64、高端的 Athlon 64 X2 及顶级的 Athlon 64 FX 等全系列 AMD 桌面 CPU,支持 200 MHz 外频和 1 000 MHz 的 HyperTransport 总线频率,支持双通道 DDR2 内存,其中 Athlon 64 X2 及 Athlon 64 FX 最高支持 DDR2 800,Sempron 和 Athlon 64 最高支持 DDR2 667。按照 AMD 的规划,Socket AM2 接口将逐渐取代原有的 Socket 940 接口和 Socket 939 接口,从而实现桌面平台 CPU 接口的统一。

2.1.4 Intel 和 AMD 主流 CPU

1. Intel Core 2 Duo E6550

Core 2 Duo 针对桌面市场的产品代号是"Conroe",支持 32 位和 64 位指令,集成智能缓存技术,共享 L2 级缓存,支持宽区动态执行,加速多媒体计算。本产品采用"Conroe"核心,支持 1 066 MHz FSB,采用 4 MB 二级缓存。Core 2 Duo E6550(如图 2-2 所示)的上市为主流用户们带来了更充足的 1 333 MHz FSB 处理器选择范围,而在这一点对于性能的提升是很有帮助的,而且这款新处理器上市价格并不高,甚至比部分规格稍低的型号还要便宜,所以使得其性价比十分突出。表 2-1 为 Intel Core 2 Duo E6550 的详细参数表。

图 2-2 Intel Core 2 Duo E6550

表 2-1 Intel Core 2 Duo E6550 详细参数表

适用类型	台式机 CPU
系列型号	Core 2 Duo(酷睿 2)
接口类型	Socket 775
针脚数	775 PIN
主频	2.33 GHz
封装技术	PLGA
核心类型	Conroe(双核心)
核心数量	双核心
64 位技术	Intel 64(EM64T)
前端总线	1 333 MHz
外频	333 MHz
倍频	7
制作工艺	65 nm
一级缓存	每核心 32 KB 数据缓存+32 KB 指令缓存
二级缓存容量	共享 4 MB
支持内存类型	视主板芯片而定
核心电压	0.962～1.350 V

适用类型	台式机 CPU
超线程技术	不支持
虚拟化技术	Intel VT
防病毒技术	EDB
多媒体指令集	MMX、SSE、SSE2、SSE3、SSSE3
TDP 功耗	65 W
上市时间	2007 年 8 月
定位	主流高端市场
售后服务	盒装，三年联保
参考报价	1 320 元

2. AMD Athlon 64 X2 6000＋ AM2

　　AMD 发布的 Socket AM2 处理器包括针对顶级发烧玩家的 Athlon 64 FX、双核 Athlon 64 X2、单核心的 Athlon 64 以及针对入门市场的 Sempron。AM2 处理器集成了 DDR2 内存控制器，解决了内存带宽提升的瓶颈，降低了功耗，提升了信号的稳定性，甚至能够简化主板的设计。由于改良了 SOI 制造工艺，进一步减少了漏电流，AM2 处理器的功耗大幅下降。AMD 在 AM2 处理器中引入了虚拟化技术，提供了多应用环境概念，保护工作、娱乐等不同性质的数据集，即使一个应用出现故障，也不会导致其他应用数据丢失。虚拟化技术隔离工作和个人操作系统，从而增强安全性和可靠性。它可以使 PC 模拟多应用虚拟机，可以运行不同的操作系统。AM2 Athlon 64 X2 6000＋（如图 2-3 所示）是 AMD 主流处理器中主频最高的一款双核心产品，支持 64 位系统，默认主频为 3.0 GHz，配备了 2 MB 二级缓存，处理器 TDP 值也提高到 125 W，实际性能出色，但再超频的空间应该不会很大。表 2-2 为 AMD Athlon 64 X2 6000＋ AM2 的详细参数表。

图 2-3　AMD Athlon 64 X2 6000＋ AM2

表 2-2　AMD Athlon 64 X2 6000＋ AM2 详细参数表

适用类型	台式机 CPU
系列型号	Athlon(速龙)64 X2
接口类型	Socket AM2
针脚数	940 PIN
主频	3.0 GHz
封装技术	mPGA
核心类型	Windsor(双核心)
核心数量	双核心

续 表

适用类型	台式机 CPU
64 位技术	AMD64 位
前端总线	1 000 MHz
外频	200 MHz
倍频	15
制作工艺	90 nm
一级缓存	每核心 64 KB 数据缓存＋64 KB 指令缓存
二级缓存容量	1 MB×2
支持内存类型	最高支持双通道的 DDR2 800
核心电压	1.35～1.40 V
超线程技术	不支持
虚拟化技术	AMD VT
防病毒技术	EVP
多媒体指令集	MMX、3D NOW!、SSE、SSE2、SSE3
TDP 功耗	125 W
上市时间	2007 年 5 月
定位	主流高端市场
售后服务	盒装，三年联保
参考报价	1 250 元

2.1.5 CPU 的选购

随着技术的提高，主频已不再是决定 CPU 性能的唯一标准了。只有配件与配件之间合理搭配、均衡发展，才能发挥最佳的效果，这就是大家耳熟能详的"水桶原则"。所以在选购 CPU 的时候必须根据自己的使用目的和经济状况来决定购买方向。

大多数普通用户通常都抱有直奔高端、一次到位的心态，这就好比杀鸡用了把宰牛刀，不但造成资金的浪费，CPU 的性能也没有得到充分的发挥。目前市场上的所有处理器基本上都能满足普通家庭用户对电脑性能的要求，比如文字处理、欣赏音乐、观看 DVD 影碟、玩普通 3D 游戏、上网等。换句话说，只要 CPU 的主频率达到了 1 000 MHz 就应该没有问题了。

虽然许多人对 CPU 的高频有着近乎迷信的崇拜，但频率并不是决定性能的唯一因素。举例来说，新一代 Celeron 作为 Pentium 4 的简化版产品，在二级缓存被大幅缩减的同时，其他性能也相应地被大幅缩减，其中尤以游戏性能的下降最为严重。根据许多 IT 硬件网站的测试，即使是超频到 3 GHz 的 Celeron 处理器在多数游戏中的表现都败给了主频为 1.35 GHz 的 Athlon XP 1800＋，而这两者的频率差距已经接近 1.5 GHz。因此频率的高低并不能作为我们选择产品的唯一标准。

总的来说，作为普通的办公室和家庭用户，如果并不需要非常强劲的游戏性能，那么价格便宜的低端 Celeron 或 Sempron 处理器已经足以满足一般的办公和家庭娱乐的要求。而如果是游戏玩家的话，恐怕还是选择性能更强、但价格也更贵的 Pentium 4、Core 2 Duo 或 Athlon 64 X2 处理器要更加合适。

2.2　主　板

主板,又叫做主机板(Mainboard)和母板(Motherboard)。主板是电脑系统中最重要的器件之一,上面安装了组成计算机的主要电路系统,一般有 BIOS 芯片、I/O 控制芯片、键盘和面板控制开关接口、指示灯插接件、扩充插槽、主板及插卡的直流电源供电接插件等元件。它为 CPU、内存和各种功能(声音、图形、通信、网络、TV、SCSI 等卡)提供安装插座(槽)。因此电脑的整个运行速度和稳定性在相当程度上取决于主板的性能。

2.2.1　主板结构

所谓主板结构就是根据主板上各元器件的布局排列方式、尺寸大小、形状、所使用的电源规格等制定出的通用标准,所有主板厂商都必须遵循。

主板结构分为 AT、Baby-AT、ATX、Micro ATX、LPX、NLX、Flex ATX、EATX、WATX 及 BTX 等结构。其中,AT 和 Baby-AT 是多年前的老主板结构,现在已经淘汰;而 LPX、NLX、Flex ATX 则是 ATX 的变种,多见于国外的品牌机,国内尚不多见;EATX 和 WATX 则多用于服务器/工作站主板;ATX 是目前市场上最常见的主板结构,扩展插槽较多,PCI 插槽数量在 4～6 个,大多数主板都采用此结构;Micro ATX 又称 Mini ATX,是 ATX 结构的简化版,就是常说的"小板",扩展插槽较少,PCI 插槽数量在 3 个或 3 个以下,多用于品牌机并配备小型机箱;而 BTX 则是 Intel 公司制定的最新一代主板结构。

2.2.2　主板各部分的功能

1. CPU 插座

CPU 插座就是主板上安装处理器的地方。主流的 CPU 插座主要有 Socket 939、Socket 940、Socket 775 几种。其中 Socket 939、Socket 940 支持的是 AMD 处理器。而 Socket 775 则用于 Intel LGA 775 封装的 CPU。

2. 内存插槽

内存插槽是主板上用来安装内存的地方。目前常见的内存插槽为 DDR 和 DDR2 内存插槽。需要说明的是,不同的内存插槽的引脚、电压、性能功能都是不尽相同的,不同的内存在不同的内存插槽上不能互换使用。

3. PCI 插槽

PCI(Peripheral Component Interconnect,外围部件互联)总线插槽是由 Intel 公司推出的一种局部总线。它定义了 32 位数据总线,且可扩展为 64 位。它为显卡、声卡、网卡、电视卡、MO-DEM 等设备提供了连接接口,它的基本工作频率为 33 MHz,最大传输速率可达 132 MB/s。

4. AGP 插槽

AGP(Accelerated Graphics Port,图形加速端口)是专供 3D 加速卡(3D 显卡)使用的接口。它直接与主板的北桥芯片相连,且该接口让显示芯片与系统内存直接相连,增加 3D 图形数据传输速率,而且在显存不足的情况下还可以调用系统内存,所以它拥有很高的传输速率,这是 PCI 等总线无法与其相比拟的。AGP 接口目前已逐渐被 PCI Express 接口代替。

5. IDE 插槽

IDE(Integrated Drive Electronics,电子集成驱动器)接口也称 ATA 接口,是用来连接硬盘和光驱等设备的。此外,现在很多新型主板都提供了一种 Serial ATA(即串行 ATA)插槽,它是一种完全不同于并行 ATA 的新型硬盘接口类型,其传输速率可达 150 MB/s 以上。

6. USB 接口

USB(Universal Serial Bus,通用串行总线)接口用于将鼠标、键盘、移动硬盘、数码相机、VoIP 电话或打印机等外设连接到 PC。理论上单个 USB Host 控制器可以连接最多 127 个设备。

USB 目前有两个版本,USB 1.1 的最高数据传输率为 12 Mbps,USB 2.0 则提高到 480 Mbps。需要注意的是,二者的物理接口完全一致,数据传输率上的差别完全由 PC 的 USB Host 控制器及 USB 设备决定。USB 可以通过连接线为设备提供最高 5 V/500 mA 的电力。

USB 接口有三种类型:

◆ Type A:一般用于 PC。
◆ Type B:一般用于 USB 设备。
◆ Mini-USB:一般用于数码相机、数码摄像机、测量仪器以及移动硬盘等。

7. 电源插口及主板供电部分

电源插座主要有 AT 电源插座和 ATX 电源插座两种,有的主板上同时具备这两种插座。AT 插座应用已久,现已淘汰。而采用 20PIN 或 24PIN 的 ATX 电源插座,采用了防插反设计,不会像 AT 电源一样因为插反而烧坏主板。除此之外,在电源插座附近一般还有主板的供电及稳压电路。

主板的供电及稳压电路也是主板的重要组成部分,它一般由电容、稳压块或三极管场效应管、滤波线圈、稳压控制集成电路块等元器件组成。此外,P4 主板上一般还有一个 4 口专用 12 V 电源插座。

8. BIOS 及电池

BIOS 即基本输入/输出系统,是一块装入了启动和自检程序的 EPROM 或 EEPROM 集成块。实际上它是被固化在计算机 ROM 芯片上的一组程序,为计算机提供最低级的、最直接的硬件控制与支持。除此之外,在 BIOS 芯片附近一般还有一块电池,它为 BIOS 提供了启动时需要的电流。主板上的 ROM BIOS 芯片是主板上唯一贴有标签的芯片,一般为双排直插式封装(DIP),上面一般印有"BIOS"字样,另外还有许多 PLCC32 封装的 BIOS。

目前,市场上较流行的主板 BIOS 主要有 Award BIOS、AMI BIOS、Phoenix BIOS 三种类型。现在 Phoenix 已和 Award 公司合并,共同推出具备两者标识的 BIOS 产品。

9. 机箱前置面板接头

机箱前置面板接头是主板用来连接机箱上的电源开关、系统复位、硬盘电源指示灯等排线的地方。一般来说,ATX 结构的机箱上有一个总电源的开关接线(Power SW),它是一个两芯的插头,它和 Reset 的接头一样,按下时短路,松开时开路,按一下,电脑的总电源就被接通了,再按一下就关闭。

硬盘指示灯的两芯接头中 1 线为红色。在主板上,这样的插针通常标着 HD LED 的字样,连接时要红线对应于第 1 针。这条线接好后,当电脑在读写硬盘时,机箱上硬盘的灯会亮。电源指示灯一般为两或三芯插头,使用 1、3 位,1 线通常为绿色。在主板上,插针通常标记为 Power LED,连接时注意绿色线对应于第 1 针。当它连接好后,电脑一打开,电源灯就一直亮着,指示电源已经打开了。而复位接头(Reset)要接到主板上的 Reset 插针上。主板上 Reset 针的作用是这样的:当它们短路时,电脑就重新启动。而 PC 喇叭通常为四芯插头,但实际上只用 1、4 两根线,1 线通常为红色,它接在主板 Speaker 插针上。在连接时,注意红线对应 1 针的位置。安装时要按主板说明书安装。

10. 外部接口

ATX 主板的外部接口都是统一集成在主板后半部的,一般都符合规范,也就是用不同的颜色表示不同的接口,以免搞错。一般键盘和鼠标都是采用 PS/2 圆口,只是键盘接口一般为紫色,鼠标接口一般为绿色,便于区别。而 USB 接口为扁平状,可接 MODEM,光驱、摄像头、扫描仪等 USB 接口的外设。而串口可连接 MODEM 和方口鼠标等,并口一般连接打印机。

2.2.3　主板芯片组

芯片组(Chipset)是主板的核心组成部分,按照在主板上的排列位置的不同,通常分为北桥芯片和南桥芯片。

1. 北桥芯片

北桥芯片(North Bridge)是主板芯片组中起主导作用的最重要的组成部分,也称为主桥(Host Bridge)。一般来说,芯片组的名称就是以北桥芯片的名称来命名的,例如 Intel 875P 芯片组的北桥芯片是 82875P。北桥芯片负责与 CPU 的联系并控制内存、AGP 数据在北桥内部传输,提供对 CPU 的类型和主频、系统的前端总线频率、内存的类型和最大容量、AGP 插槽、ECC 纠错等支持,整合型芯片组的北桥芯片还集成了显示核心。北桥芯片通常在主板上靠近 CPU 插座的位置,由于北桥芯片的发热量一般较高,所以在北桥芯片上装有散热片。

2. 南桥芯片

南桥芯片(South Bridge)是主板芯片组的重要组成部分,一般位于主板上 PCI 插槽的附近。南桥芯片负责 I/O 总线之间的通信,如 PCI 总线、USB、LAN、ATA、SATA、音频控制器、键盘控制器、实时时钟控制器、高级电源管理等,这些技术一般相对来说比较稳定,所以不同芯片组中可能南桥芯片是一样的,不同的只是北桥芯片,所以现在主板芯片组中北桥芯片的数量要远远多于南桥芯片。南桥芯片的发展方向主要是集成更多的功能,如网卡、RAID、IEEE 1394,甚至 WI-FI 无线网络等。

主板各部分的外观,如图 2-4 所示。

2.2.4　主板的选购

市面上的主板品牌繁多,据不完全统计,在市面销售的主板品牌有数百种之多。怎样才能在繁杂的品牌之间找到适合自己的品牌主板呢? 这里简要地介绍一下。

主板给人的第一感觉就是板形。Intel 平台的主板一般从板形来讲都差不多,都是比较类似于公版的设计,看上去也比较规整,而 AMD 平台要略微复杂一点。但在购买时要注意的东西是基本相同的,应该尽量选择板形较大的产品。因为主板的板形大,其上的各个器件之间的空间就会更大。这样一来不但更有利于散热而且还增强了厂商自主开发的余地,所以大家可以发现大部分的经典产品板形都比较大(当然,M-ATX 结构的小板除外)。布局要尽量规整,各器件之间的距离要大一些,这样就更加有利于散热和主板本身的整体布线。

内存插槽
AGP插槽
北桥芯片
CPU插座
散热器底座
电源接口
P4专用电源口

软驱接口
IDE接口
S-ATA接口
南桥芯片
PCI插槽
CNR插槽
BIOS芯片

鼠标接口
键盘接口 USB接口 串行口 并行口 显示器接口 GAME/MIDI Speaker Line-in Mic-in

图 2-4　认识主板

再一点要注意的就是要仔细观察一下主板上的芯片。因为有一些不法厂商为了牟取暴利利用翻修或打磨的芯片来制造主板,这无疑会大大影响产品的质量和用户的权益。所以,在购买时一定要看清楚芯片上的字迹是否清晰,如果模糊不清最好不选。

另外,最值得关注的一点就是主板的供电系统。一般来讲,看一款主板做工是否优良,最能体现的地方也就是这里,因为除了芯片组外,供电系统可能就是占据主板成本份额最多的地方了。在购买时要仔细看清楚,如果是"三无"产品就不要选择。同时还要注意主板的供电形式,一般最好选择三相供电以上。目前处理器的供电要求都比较高,主板的供电形式从外观来看最少要由三相供电回路加上 8 个以上电容组成。

最后,要看主板是不是提供了内存和显卡的独立供电电路。如果有就可以分担主供电系统的负担,同时更加有利于稳定性和超频性能,所以只要能提供了内存或显卡任一独立供电电路就是好的。因而有没有内存和显卡的独立供电电路也可以成为评价一款主板优劣的重要指标。

2.3　内　　存

内存在电脑中的作用是举足轻重的,在很多电脑玩家看来,内存是除 CPU 外能表明电脑是否够档次的另一标准。

2.3.1　内存的类型

目前市场上主要的内存类型有 SDRAM、DDR 和 DDR2 三种,其中 DDR 内存和 DDR2 内存占据了市场的主流,而 SDRAM 内存规格已不再发展,处于被淘汰的行列。

1. SDRAM

SDRAM,即 Synchronous Dynamic Random Access Memory(同步动态随机存储器),如图 2-5所示,曾经是 PC 上应用最为广泛的一种内存类型,即便在今天,SDRAM 仍旧在市场占有一席之地。既然是"同步动态随机存储器"，那就代表着它的工作速度是与系统总线速度同步的。
SDRAM 内存又分为 PC66、PC100、PC133 等不同规格，而规格后面
的数字就代表着该内存所能正常工作的最大系统总线速度，比如
PC100，那就说明此内存可以在系统总线为 100 MHz 的电脑中同步
工作。

图 2-5　现代 SDRAM 内存

　　与系统总线速度同步，也就是与系统时钟同步，这样就避免了不
必要的等待周期，减少数据存储时间。同步还使存储控制器知道在
哪一个时钟脉冲期由数据请求使用，因此数据可在脉冲上升期便开
始传输。SDRAM 采用 3.3 V 工作电压，168 PIN 的 DIMM 接口，带宽为 64 位。SDRAM 不仅
应用在内存上，在显存上也较为常见。

2. DDR

　　严格地说 DDR 内存应该叫做 DDR SDRAM 内存，人们习惯称
为 DDR 内存，如图 2-6 所示。部分初学者也常看到 DDR SDRAM，
就认为是 SDRAM。DDR SDRAM 是 Double Data Rate SDRAM 的
缩写，是双倍速率同步动态随机存储器的意思。DDR 内存是在
SDRAM 内存基础上发展而来的，仍然沿用 SDRAM 生产体系，因此

图 2-6　Kingmax DDR 内存

对于内存厂商而言，只需对制造普通 SDRAM 的设备稍加改进，即可实现 DDR 内存的生产，可
有效地降低成本。DDR 与 SDRAM 相比差别并不大，DDR 本质上不需要提高时钟频率就能加
倍提高 SDRAM 的速度，它允许在时钟脉冲的上升沿和下降沿读出数据，因而其速度是标准
SDRAM 的两倍，它们具有同样的尺寸和同样的针脚距离。但 DDR 为 184 针脚，比 SDRAM 多
出了 16 个针脚。DDR 内存采用的是支持 2.5 V 电压的 SSTL2 标准，而不是 SDRAM 使用的
3.3 V 电压的 LVTTL 标准。

3. DDR2

　　DDR2 内存起始频率从 DDR 内存最高标准频率 400 MHz 开
始，现已定义可以生产的频率支持 533 MHz～800 MHz，工作电压为
1.8 V。DDR2 采用全新定义的 240 PIN DIMM 接口标准，完全不兼
容 DDR 的 184 PIN DIMM 接口标准，如图 2-7 所示。

图 2-7　威刚 DDR2 内存

　　DDR2 和 DDR 一样，采用了在时钟的上升沿和下降沿同时进行
数据传输的基本方式，但是最大的区别在于 DDR2 内存可进行 4 bit
预读取。两倍于标准 DDR 内存的 2 bit 预读取，这就意味着，DDR2 拥有两倍于 DDR 的预读系
统命令数据的能力。

2.3.2　内存的主要性能指标

1. 内存容量

　　内存容量是指该内存条的存储容量，是内存条的关键性参数。内存容量以 MB 作为单位，可以
简写为 M。内存的容量一般都是 2 的整次方倍，比如 128 MB、256 MB、512 MB 等。一般来说，内存
容量越大越有利于系统的运行。目前台式机中主流采用的内存容量为 512 MB、1 GB、2 GB等。

2. 主频

　　内存主频和 CPU 主频一样，习惯上被用来表示内存的速度，它代表着该内存所能达到的最

高工作频率。内存主频是以 MHz(兆赫)为单位来计量的。内存主频越高在一定程度上代表着内存所能达到的速度越快。内存主频决定着该内存最高能在什么样的频率下正常工作。目前较为主流的内存频率有 333 MHz 和 400 MHz 的 DDR 内存以及 533 MHz、667 MHz、800 MHz 的 DDR2 内存。

3. ECC 校验

ECC 内存,即纠错内存,简单地说,其具有发现错误、纠正错误的功能,一般多应用在高档台式电脑/服务器及图形工作站上,这将使整个电脑系统在工作时更趋于安全稳定。

2.3.3 选购内存应注意事项

众多品牌、不同型号的 DDR、DD2 内存在市场上并存,给用户的选购带来了较大困惑。如何根据自己的需要选择合适的内存? 选购内存时又有哪些注意事项? 下面我们将给出参考答案。

1. 频率按需选购

选择何种规格的内存,要根据搭配的主板和 CPU 来决定。对于 Athlon XP 来说,2400＋和以下型号的前端总线频率均为 266 MHz,因此单通道 DDR266 就可满足 CPU 的需求。Athlon XP 2500＋～3000＋的前端总线频率为 333 MHz,因此需搭配 DDR333 内存。同理,前端总线频率为 400 MHz 的 Athlon XP 3200＋则需搭配 DDR400 内存才可满足需求。

2. 仔细辨认防假货

根据自己的需要确定内存型号后,就进入了消费实战阶段。目前市场上的品牌内存和杂牌内存共存,价格也不同。通常如 Kingston(金士顿)、Kingmax 等著名品牌内存都会采用盒装,并在包装或内存颗粒上印有防伪电话,用户通过拨打防伪电话即可辨别真伪。目前 Kingston 还提供了短信防伪功能,但价格比较贵。如图 2-8 所示为金士顿 1 GB DDR400 内存。

图 2-8　金士顿 DDR400 内存

有些商家为了牟取更大的利润会将频率较低的内存条重新包装后标记成频率较高的产品出售,因此购买时需注意查看内存颗粒的编号与包装上的编号是否相符。

2.4　机箱与电源

2.4.1　机箱的分类

从外形来看,机箱有立式和卧式两种,以前基本上都采用卧式机箱,而现在一般采用立式机箱。主要是由于立式机箱没有高度限制,在理论上可以提供更多的板卡插槽,而且更利于内部散热。从结构来看,机箱可以分为 AT、ATX、Micro ATX、NLX 等类型,目前市场上主要以 ATX 机箱为主。

2.4.2　电源的技术指标

1. 功率

电源功率必须要满足整机需要,并且要有一定的功率余量,但是并非电源的功率越大越好,通常要选用 300 W 以上的电源。同时,如果主板上的扩展卡比较多,也建议选用功率较大的电源。

2. 电源正常信号

P.G 是指电源上的 Power Good 或 P.OK 信号,是电脑开机以后电源工作正常后,向 CPU 发出的一个信号,CPU 只有在接到 P.G 信号后,才开始启动整个电脑系统的工作。如果 P.G 信号时序不对,可能会和某些主板不兼容,造成开不了机。而如果 P.G 信号不稳定,则会使微机频繁启动。

3. 关机时间

关机时间简称 PF(Power Fail),是指电脑关机后,即关断外部交流供电后,电源其本身储存的电能延续供电的时间。电脑关机后,要求立即给 CPU 一个 PF 信号并延续供电一段时间,CPU 接到 PF 信号,马上将相关的数据记录下来,以保证下次开机时能正常启动。

4. 安全规格

国内外在电源元件的选择、材料的绝缘性、阻燃性等方面都有严格规定的安全标准,如国外的有 UL、CSA、TUV、CCIB 等,而国内著名的就是 CCEE。如果电源上有这些标志,说明它通过了这些认证。

5. 电磁传导干扰规格

电磁对电网的干扰会对电子设备有不良影响,也会对人体健康带来危害。最著名的电磁干扰和射频干扰标准是 FCC CLASSB。

6. 输入技术指标

输入技术指标有输入电源相数、额定输入电压,电压的变化范围、频率、输入电流等。我国输入电源的额定电压为 220 V。开关电源的电压范围一般为 180 V～260 V。

2.4.3　机箱与电源的选购

1. 常见机箱品牌

这里介绍几款流行的机箱。

①七喜大水牛机箱:它的外观比较时尚,该类机箱设有 4 个 5.25 英寸大驱动器托架。机箱中预留有散热风扇位置,该机箱配有大水牛 P4 认证电源,机箱面板前面配有两组 USB 接口和音频输出、麦克风插口等。

②爱国者月光宝盒:该机箱为立式 ATX 结构,采用钢制冷镀锌材料,全屏蔽防电磁辐射。机箱设有 4 个 5.25 英寸大驱动器托架,内置长城 ATX 电源。

③银河机箱:该系列机箱是国内比较著名的机箱品牌,品质选材和工艺都比较上乘,该机箱设有 3 个 5.25 英寸驱动器舱。

2. 机箱、电源选购建议

机箱、电源在选购时应该注意以下几点:

①面板设计:机箱面板可根据放置的环境和个人喜好选择。机箱面板上的指示灯和按钮的布局要合理。

②结构设计:机箱内部空间要大,以备以后升级之用;设计尺寸要严格,公差要小,最好有附加风扇,以协助散热。还应有良好的防磁、防辐射设计。

③扩充性好:驱动器舱不能太少,以便安装光驱、刻录机等。

④好的电源:电源是电脑的动力站。对于一个好的电脑,稳定的电源必不可少,电源必须满足功率、安全规格、电磁传导干扰规格等要求。如果对这些要求不很了解那就选择知名的品牌吧。比如:长城、航嘉、银河、百盛、顺新等等。但值得注意的是,名牌电源的仿制品和假冒产品较多,所以我们在选购的时候不仅要擦亮自己的眼睛,还要保持一颗警惕的心。

2.5　实　　训

打开一台主机箱,辨认主机配件

【目的与要求】

1. 认识主板的插槽、芯片。

2. 掌握对 CPU、内存、主板及电源各组成部件的识别。

【实训内容】

1. 打开一台主机箱,辨认以上主机配件,最好结合包装盒上的标识进行辨认。

2. 根据学校条件利用周末时间让学生到电脑市场了解以上部件的价格、发展方向,了解最新硬件性能等等。

2.6　习　　题

1. 简述 CPU 的发展史。

2. 说出 CPU 的主要性能指标。

3. 说出目前常用的 CPU 接口类型。

4. 简述主板各部分的功能。

5. 说出选购内存的注意事项。

第3章 标准外部设备

【学习要点】 硬盘存储器的技术指标与选购；光盘驱动器和光盘种类与技术指标；显卡、显示器的技术指标与选购；键盘、鼠标的技术指标与选购；声卡、音箱技术指标与选购；网卡的分类。

计算机可分为主机和外部设备，而硬盘、光驱、软驱、显卡、显示器、键盘、鼠标、声卡、音箱和网卡是一台计算机必不可少的标准外部设备。本章主要让大家对以上设备有一个认识，同时了解它们的技术指标，以便能在市场上选购合适的产品。

3.1 硬 盘

硬盘（Hard Disk Drive，HDD）是微型计算机的外部存储设备，用于存储程序与数据，因其磁性涂层的介质是铝合金而得名，如图 3-1 所示。硬盘在功能上与内存不同，硬盘内部存储的重要数据不会因断电而丢失，能够长期保存。CPU 处理的程序与数据来自内存，而内存中的程序与数据则主要来自硬盘，并且当内存中的程序与数据需要长期保存时，一般要写入硬盘中。

3.1.1 硬盘主要技术指标

图 3-1　硬盘的外观

在选购硬盘时，我们往往通过硬盘技术参数和指标来了解硬盘的性能。硬盘的技术指标有很多，本节只介绍几个主要参数，它们是磁道数、柱面数、扇区数、磁头数、容量、主轴转速、平均寻道时间、数据传输率、接口方式、高速缓存、着陆区等。为了便于理解和记忆，我们将这些技术指标进行分类。

1. 与容量有关的技术指标

（1）磁道数

当硬盘盘片旋转时，磁头若保持在一个位置上，则每个磁头都会在磁盘表面画出一个圆形轨迹，这些圆形轨迹就叫做磁道（Track）。这些磁道用肉眼是根本看不到的，因为它们仅是盘面上以特殊方式磁化了的一些磁化区，磁盘上的信息便是沿着这样的轨道存放的。磁道数即盘片上划分的磁道个数。

（2）柱面数

由于硬盘通常有多个盘片，多个盘片上相同编号的磁道，就组成了柱面（Cylinder）。因此硬盘的磁道数也就是柱面数。

（3）扇区数

硬盘上每个磁道被等分为若干个弧段，这些弧段便是扇区（Sector）。每个扇区可以存放 512 个字节，磁盘在读写资料时是以扇区为单位的。每磁道的扇区数通常是 63。如图 3-2 所示。

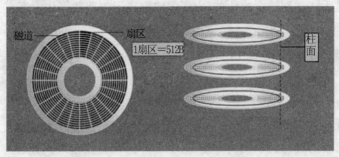

图 3-2　硬盘的磁道、柱面和扇区

（4）磁头数

磁头（Head）是硬盘中对盘片进行读写工作的工具，是硬盘中最精密的部位之一，磁头的作用是进行磁电转换。一般情况下，一个盘片有两个面，每个面都有一个磁头。

（5）容量

容量，即硬盘总的容量。一般用单位 GB 表示（1 GB＝1 024 MB），容量再大一些的硬盘用 TB 表示（1 TB ＝1 024 GB）。

目前市场上的硬盘容量主要有：80 G、120 G、160 G、200 G、400 G 等。

2．与性能有关的技术指标

（1）主轴转速

主轴转速是硬盘内电机主轴的旋转速度，也就是硬盘盘片在一分钟内所能完成的最大转数，单位表示为 RPM（转/每分钟）。主轴转速值越大，硬盘的整体性能也就越好。目前市场上流行的是 5 400 RPM、7 200 RPM 和 10 000 RPM。

（2）平均寻道时间

平均寻道时间是指磁头从得到指令到移动到数据所在磁道需要的时间，这是衡量硬盘读取数据的重要指标，一般在 5 ms～13 ms 之间，这个时间直接影响着硬盘的随机数据传输速度。平均寻道时间大于 10 ms 的硬盘不宜购买。

（3）数据传输率

硬盘数据传输率（Data Transfer Rate，DTR），表现了硬盘工作时的数据传输速度，它并不是一成不变的，而是随着工作的具体情况而变化的。在读取时，硬盘不同磁道、不同扇区的数据及数据的存放是否连续等因素都会影响硬盘数据传输率。因为这个数据的不确定性，所以厂商在标识硬盘参数时，更多的是采用外部数据传输率和内部数据传输率。

内部数据传输率是指硬盘磁头与缓存之间的数据传输率，简单地说就是硬盘将数据从盘片上读取出来，然后存储在缓存内的速度。内部数据传输率可以明确表现出硬盘的读写速度，它的高低才是评价一个硬盘整体性能的决定性因素，是衡量硬盘性能的真正标准。

外部数据传输率是指硬盘缓存和电脑系统之间的数据传输率，也就是计算机通过硬盘接口从缓存中将数据读出交给相应的控制器的速率。平常硬盘所采用的 ATA66、ATA100、ATA133 等接口，就是以硬盘的理论最大外部数据传输率来表示的。ATA133 中的 133 就代表着这块硬盘的外部数据传输率理论最大值是 133 MB/s。这只是硬盘理论上最大的外部数据传输率，在实际的日常工作中是无法达到这个数值的，而更多的取决于内部数据传输率。

（4）接口方式

常用的硬盘接口方式有 IDE、SATA、SCSI 三种，而 SCSI 接口的硬盘，一般用在服务器和图形工作站上。

（5）高速缓存

硬盘高速缓存的作用类似于 CPU 中的一、二级高速缓存，硬盘需要通过将数据暂存在一个比其磁盘速度快得多的缓冲区来提高速度，这个缓冲区就是硬盘的高速缓存。硬盘上的高速缓存可大幅度提高硬盘存取速度。目前主流硬盘的高速缓存一般为 2 MB 或 8 MB，而在 SCSI 硬盘中最高的数据缓存现在已经达到了 16 MB。

3.其他指标

着陆区：又称为启停区，是指盘片内侧最靠近主轴的区域，这部分区域没有数据，当硬盘停止工作时，磁头会停靠在此区域中。

3.1.2　硬盘接口

1.硬盘接口类型

前面讲过，硬盘按其接口类型，主要有 IDE、SATA、SCSI 三种。IDE 和 SATA 硬盘一般为家庭用户使用，而 SCSI 用于服务器，具有较高的可靠性。

（1）IDE 接口

IDE 接口是前几年最为流行的硬盘接口，如图 3-3 所示，这种接口也用于连接光驱。IDE 接口有 40 针，使用 40 芯或 80 芯扁平数据线将硬盘和主板相连，每条数据线可最多挂接 2 个 IDE 设备。IDE 接口硬盘最大数据传输率为 133 MB/s。

（2）SATA 接口

SATA 是 Intel 公司发布的新一代接口类型标准，是目前市场上较为流行的硬盘接口类型。它以连续串行的方式传送资料，在性能上优于 IDE 接口，具有更高的传输率、电力消耗小、发热量减小等特点。SATA 1.0 硬盘标准可达到 150 MB/s，而 SATA 2.0 硬盘已经可达到 300 MB/s。SATA 接口如图 3-4 所示。

图 3-3　IDE 接口硬盘　　　　　　　图 3-4　SATA 接口硬盘

对于 SATA 接口,一台电脑同时挂接两个硬盘就没有主、从盘之分了,各设备对电脑主机来说,都是 Master,这样我们可省了不少跳线工夫。SATA 硬盘与 IDE 硬盘接口不兼容,数据线和电源接口也不同。

(3)SCSI 接口

SCSI(Small Computer System Interface)是指小型计算机系统接口,是一种与 ATA 完全不同的接口。它不是专门为硬盘设计的,而是一种总线型的系统接口,每个 SCSI 总线上可以连接包括 SCSI 控制卡在内的 8 个 SCSI 设备。SCSI 接口的优势在于它支持多种设备,传输速率比 ATA 接口高,独立的总线使得 SCSI 设备的 CPU 占用率很低,但 SCSI 硬盘价格高,安装时需要设置和使用专用的驱动程序,所以 SCSI 硬盘只适用于服务器等高端应用场合。SCSI 硬盘的转速一般在 10 000 RPM,接口使用 80 芯、68 芯或 50 芯扁缆连接,如图 3-5 所示。

图 3-5　SCSI 接口硬盘

2.硬盘跳线

对于 IDE 硬盘,当在一根数据线上接两个 IDE 设备时,需要设置硬盘的主从跳线,决定谁先用于启动,确定“主从”关系,否则就不能正常工作。硬盘跳线的位置一般在电源和数据接口之间,通常情况下,跳线由 4 对插针和 1～2 个跳线帽组成,如图 3-6 所示。在硬盘面板铭牌上印有设置方法。下面我们以希捷硬盘为例介绍硬盘跳线的设置方法,如图 3-7 所示。

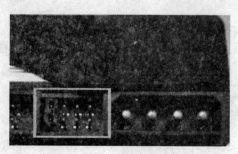

图 3-6　硬盘的跳线

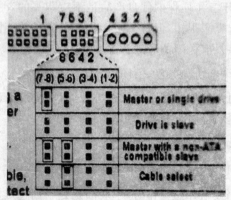

图 3-7　硬盘的跳线设置示意图

硬盘跳线主要有以下四种设置方式:

①Master or Single drive:表示设置硬盘为主盘或该通道上只单独连接一个硬盘,即该硬盘独占一个 IDE 通道,这个通道上不能有从盘。

②Drive is slave:无跳线,表示当前硬盘为从盘。

③Master with a non-ATA compatible slave:表示存在一个主盘,而从盘是不与 ATA 接口硬盘兼容的硬盘,这包括老式的不支持 DMA/33 的硬盘或 SCSI 接口硬盘。

④Cable Select:使用数据线选择硬盘主从,当两个硬盘跳线都设置为“数据线选择”时,无论

是采用 40 芯的 DMA/33 线,还是 80 芯的 DMA/66 线,远离主板的硬盘接口总被认为是主盘,而靠近主板的接口上的硬盘总被认为是从盘。

3.1.3 硬盘的选购及使用注意事项

1.硬盘的选购

选购硬盘除了遵循适用性与性价比兼顾的原则,还要考虑以下几个方面:

(1)进行需求分析,确定选购目标

不同用户对硬盘的需求不同,一般把用户分为高、中、低几个不同档次。如游戏用户,需要选用转速为 7 200 RPM 的高速硬盘,以便游戏场景的切换顺畅;图形处理、视音频编辑用户需要处理速度,可选择硬盘容量 200 GB,转速为 7 200 RPM 的 SATA 硬盘;企业用户,对安全稳定性能要求比速度要高,应考虑速度快、容错能力强的 SCSI 硬盘。普通用户,一般用于学习,可以选用性能一般的主流产品,如 Seagate(希捷)160 GB 的硬盘。

(2)了解硬盘的相关性能指标

选购硬盘时要注意了解硬盘的性能指标,对硬盘容量、转速、平均寻道时间、高速缓存等技术指标,可以通过网络查询,比较不同品牌的性能,再决定购买的品牌。

(3)防止购买假货

好在硬盘产品只存在进货渠道的问题,而不存在假货的问题,只要消费者认清硬盘上的标识,学会识别,一般情况下就不会在选购中被骗。

(4)注意保修问题

硬盘这种产品标准的保修期都应该是三年,而这种所谓的保修大多数都应该是直接更换新品,低于三年质保的硬盘产品是不应购买的。有些商家是从非正规渠道进的货,如水货等,提供的质保期限很短,但是价格比正规渠道进的相同产品要便宜一些,请大家最好不要贪图便宜去购买那些没有保障的产品。

(5)使用工具软件进行测试

可以使用一些工具软件进行测试,如 Norton、ADM 等磁盘检测软件对此盘进行扫描,查找硬盘是否存在坏簇和坏道。

2.硬盘使用时的注意事项

(1)硬盘在工作时不能突然关机

当硬盘开始工作时,一般都是处于高速旋转之中,如果我们中途突然关闭电源,可能会导致磁头与盘片猛烈摩擦而损坏硬盘,因此要避免突然关机。

(2)防止灰尘进入

灰尘对硬盘的损害是非常大的,这是因为在灰尘严重的环境下,硬盘很容易吸入空气中的灰尘颗粒,使其长期积累在硬盘的内部电路元器件上,会影响电子元器件的热量散发,使得电路元器件的温度上升,产生漏电或烧坏元件。另外,灰尘也可能吸收水分,腐蚀硬盘内部的电子线路,造成一些莫名其妙的问题,所以灰尘体积虽小,但对硬盘的危害不可低估。

(3)要防止温度和湿度过高或过低

温度对硬盘的寿命也是有影响的。硬盘工作时会产生一定热量,使用中存在散热问题。使用环境温度以 20℃～25℃为宜,过高或过低都会使晶体振荡器的时钟主频发生改变,电路元器件失灵,造成磁介质记录错误。温度过低,空气中的水分会被凝结在集成电路元器件上,造成短路;湿度过高时,电子元器件表面可能会吸附一层水膜,氧化腐蚀电子线路,以致接触不良,甚至短路,还会使磁介质的磁力发生变化,造成数据的读写错误;湿度过低,容易积累大量因机器转动而产生的静电荷,从而烧坏 CMOS 电路。

(4)定期整理硬盘上的信息

在长时间使用计算机后,计算机有可能会因硬盘存在大量的垃圾文件,占用宝贵的磁盘空间,而导致计算机文件读写速度减慢,系统性能下降。因此,需要定期使用系统工具软件(如磁盘清理、磁盘碎片整理、Windows 优化大师)对硬盘进行整理。

(5)尽量减少硬盘在使用时发生振动与冲击

当硬盘处于读写状态时,一旦发生较大的振动,就可能造成磁头与盘片的撞击,导致损坏。所以不要搬动运行中的微机。在硬盘的安装、拆卸过程中应多加小心,硬盘移动、运输时严禁磕碰。

(6)在硬盘拆装时要注意防止静电

在硬盘拆卸、安装时,一定要注意不要带电插拔,以免烧毁硬盘。同时还要注意,在用手接触硬盘前,先将身上的多余静电通过接地物放走,以免静电击穿硬盘的电器元件。

3.2　光驱与软驱

光盘驱动器简称光驱,是微型计算机重要的外部存储设备。光驱按照其所使用光盘不同,分为 CD-ROM 驱动器、DVD-ROM 驱动器、CD 刻录机、DVD 刻录机、COMBO 光驱等。现在 CD-ROM 驱动器、CD 刻录机逐渐淡出市场,COMBO 光驱、DVD 光驱、DVD 刻录机正逐渐成为消费者的首选。光驱和光盘如图 3-8 所示。

图 3-8　光驱和光盘

3.2.1　光盘

光盘作为光介质存储载体,已被人们所熟知,并广泛使用。其主要的特点就是存储容量大、便于携带、安全性高、价格低、寿命长。

1.光盘记录信息的原理

光盘虽然表面光亮如镜,但在其盘面上却存在着无数微小的"凹坑"。这些"凹坑"是通过极细的高能激光束,在光盘表面烧蚀而成的,并以"凹坑"的有无表示"0"和"1"。和软、硬盘的同心圆式磁道不同的是,光盘是一条由内圈向外圈的螺旋状轨迹线,叫做光道。

2.光盘的容量和尺寸

光盘的容量一般用"Min/MB"为单位表示,前者表示这张光盘能录多长时间的音乐,后者表示能存放多少数据资料,如普通 CD-ROM 光盘的容量是 74 Min/650 MB。

光盘按直径大小可以分为 80 mm 与 120 mm 两种。

3.光盘标准

光盘标准是指该光存储产品所能读取或刻录的盘片规格,从光存储产品出现至今,存在众多标准的盘片,不同标准的盘片在性能、功能方面都各有差异。现今的光存储产品都支持较多标准的盘片,都能顺利地读取出其上数据信息。目前常用的光盘主要有 CD-ROM、CD-R、CD-RW、DVD-ROM、DVD＋R、DVD＋RW。

①CD-ROM(Compact Disk Read Only Memory):只读光盘。可存储声音、图形、视频、动画等。

②CD-R:是一种一次写入、永久读取的光盘。光盘写入数据后,就不能再刻写了,它可多次在空余部分写入数据,适合于小规模单一发行的 CD 制品或数据备份、资料存档等。

③CD-RW:可反复擦写光盘。可以写入,也可以把旧资料删除再次写入新的数据。CD-RW盘片较贵(大约是 CD-R 的 10 倍)。

④DVD-ROM:是只读的高密度数字视频光盘。用于存储电脑资料的只读光盘,是CD-ROM光盘的换代产品。采用双面光盘结构,它以单面光盘为基础,每面的容量为 4.7 GB,可以播放133 分钟的 MPEG2 的音视频信号。

⑤DVD＋R:是一种一次性写入并可永久读取的盘片,是目前应用最广泛的 DVD 刻录盘片标准,目前绝大多数 DVD 机都能够读取和播放 DVD＋R 盘。

⑥DVD＋RW:是一种可反复擦写的光盘,是目前最易用、与现有格式兼容性最好的 DVD 刻录标准,而且也便宜。

3.2.2　CD/DVD-ROM 光驱

1.CD/DVD-ROM 光驱的工作原理

当光驱从光盘上读取数据时,定向激光光束在光盘的表面上迅速移动。光束首先打在光盘上,再由光盘反射回来,光驱内的检测器会随时检测到反射的信号。如果检测器没有检测到反光,说明激光束正好打在"凹坑"上,那么它代表一个"1";如果激光被反射回来,说明激光束打在"非凹坑"的平面上,那么它代表一个"0"。然后,这些成千上万或者数以百万计的"1"和"0"又被计算机恢复为程序、文件或数据。

DVD-ROM 光驱与 CD-ROM 光驱在体积、结构和功能上基本相近,DVD-ROM 光驱采用波长更短的激光二极管作为激光头,使得 DVD-ROM 光驱的性能高于 CD-ROM 光驱。

2.CD/DVD-ROM 光驱的技术指标

在选购 CD-ROM 光驱和 DVD-ROM 光驱时,一般应了解以下指标:

(1)CD-ROM 光驱的技术指标

①平均读取时间:是指 CD-ROM 从光头定位到开始读盘的时间,一般是越小越好。不能超

过 95 ms。

②数据传输率：表明光驱从光盘上读取数据的快慢，用 KB/s 表示。分为单速和倍速，单速是指最初的光驱读取速率 150 KB/s；倍速是指光驱读取速率是单速的多少倍。用"数字×"表示，如 52×，数据传输率为 52×150 KB/s，即 7 800 KB/s。

③缓存：作用是提供一个数据的缓冲区域，将读取的数据暂时保存，然后一次性进行传输和转换。缓存一般最少要有 128 KB，现在的光驱一般是 256 KB 或者 512 KB。缓存是越大越好。

④光驱的容错性能：光驱读取质量不太好的光盘的能力。容错性能越强，光驱能读的"烂盘"越多。

(2)DVD-ROM 光驱的技术指标

DVD-ROM 光驱与 CD-ROM 光驱相近，只是在数据传输率上比 CD-ROM 光驱还要高。DVD-ROM 驱动器最大倍速为 16×，这个指标是以 DVD-ROM 光驱倍速来定义的，相当于 DVD-ROM 光驱读取 CD-ROM 的速度最高可达 52×。

DVD-ROM 光驱可以向下兼容读取 CD-ROM、CD-R 等光盘。

目前，DVD-ROM 光驱已经代替 CD-ROM 光驱成为市场的主流配置。目前其总线接口除 IDE 接口外，SATA 接口的 DVD-ROM 光驱已经进入市场。

3.2.3　CD/DVD 刻录机与 COMBO 光驱

1. CD/DVD 刻录机

(1)工作原理

CD-RW 刻录机可以对 CD-R、CD-RW 盘片进行写入。在刻录 CD-R 盘片时，通过大功率激光照射 CD-R 盘片的染料层，在染料层上形成一个个"凹坑"和"非凹坑"，光驱在读取这些"凹坑"和"非凹坑"的时候就能够将其转换为 0 和 1。由于这种变化是一次性的，不能恢复到原来的状态，所以 CD-R 盘片只能写入一次，不能重复写入。

刻录 CD-RW 盘片与 CD-R 盘片原理大致相同，只是 CD-RW 盘片可以重复写入。

(2)性能指标

①速度：CD-RW 一般有三个速度：写速度、擦速度、读速度。如 8×4×32 字样，表示写入速度/复写速度/读取速度。

②缓存容量：当刻录机在刻录盘片时，数据先从硬盘或光驱转送到刻录机的缓存中，然后刻录软件便直接从缓存中读取出数据，并把数据刻录到 CD-R/RW 盘片上。现在一般刻录机配备有 2 MB、4 MB、8 MB 的缓存。

③防缓存欠载技术：整个刻录过程中硬盘或光驱要不断地向刻录机的缓存中写入数据，而刻录机不停地把数据刻写在光盘上。如果缓存中的数据写完还没有后继数据补充，就容易出现数据中断，造成"缓存欠载"。防缓存欠载技术主要作用是从根本上消除缓存欠载的隐患。

④兼容性：刻录机兼容性主要包括两个方面，分别是格式兼容性和软件兼容性。目前的主流刻录机一般都支持 CD-ROM、CD-R/RW、CD Audio、CD-ROM XA、CD-I、CD-Extra、Mixed Mode、Photo CD、Video CD、CD Text 等多种数据格式。

⑤接口方式：此处与 CD/DVD-ROM 相同，不再赘述。

DVD 刻录机的格式主要有三种：DVD-RAM、DVD-R/RW、DVD+R/RW。

2. COMBO 光驱

COMBO(康宝)自问世以来,就以集 CD-ROM、DVD-ROM、CD-RW 于一体的功能和相对低廉的价格赢得了消费者的喜爱。"COMBO"光驱,特指把 DVD 光驱和 CD-RW 刻录机结合在一起的一体化驱动器。COMBO 初期的设想是为了节约电脑的空间,所以最早也只是被用在高档笔记本电脑之中,之后三星加以改进,在 2002 年夏天推出用于台式机的商用 COMBO,并一举获得了成功。

COMBO 最主要的性能指标是 CD-R 的刻录速度,有 32×、40× 和 48× 的区别。而主流的 COMBO 驱动器,支持至少 40× 以上的 CD-ROM 读取速度、32× 的 CD-R 写入速度、10× 以上的 CD-RW 写入速度,而读取 DVD 的速度也高达 12× 以上。由于 DVD 刻录机价格已经跌至 300 元左右,因此,COMBO 光驱除笔记本电脑上还使用外,目前在市场上也很少见了。

3.2.4　蓝光 DVD 与 HD DVD

蓝光 DVD 的直径为 12 cm,和普通光盘的尺寸一样。蓝光 DVD 利用 405 nm 蓝色激光在单面单层光盘上可以录制、播放长达 27 GB 的视频数据,比现有的 DVD 的容量大 5 倍以上,可录制 13 小时普通电视节目或 2 小时高清晰度电视节目。蓝光 DVD 采用 MPEG-2 压缩技术。

HD DVD 是沿用目前的红色激光的一种新型 DVD 盘片,单面单层容量为 15 GB,其生产工艺更接近于目前 DVD 的生产工艺。

3.2.5　软盘与软驱

在微机中常用的软盘为 3.5 英寸软盘,如图 3-9 所示。使用时将软盘插入软盘驱动器内随驱动器主轴一起转动,读、写磁头可作径向移动,磁头通过读、写窗口可与盘片上所有记录表面接触进行读、写操作。软盘与软驱目前已基本被淘汰,很少有人再使用了。

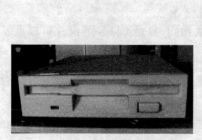

图 3-9　软驱和软盘

3.3　显卡与显示器

当我们在计算机屏幕前,观看大片,或玩游戏,或做图形设计等操作时,往往会被所看到的精美图案和游戏界面吸引,你可知道这缤纷绚丽、色彩夺目的画面,不光是显示器的功劳,更离不开一块好的显卡支持。

3.3.1　显卡的芯片类型与接口

显卡最能反映计算机的档次,主要表现在其图形的处理能力上。现在市场上销售的主要是扩展卡式显卡和集成显卡,扩展卡式显卡也称独立显卡,它独立于主板,需要插接在主板的扩展槽上,其外形结构如图 3-10 所示。

图 3-10　显卡

显卡中最重要的部件是显示芯片。显示芯片是显卡的核心芯片,相当于计算机中的 CPU,其主要任务就是处理系统输入的视频信息并将其进行构建、渲染等。因此显示芯片也叫 GPU (Graphics Processing Unit),翻译过来就是图形处理单元,即图形处理器。它的性能好坏直接决定了显卡性能的好坏。显示芯片的档次反映了不同用户的需求档次,如游戏、平面设计、影视后期制作等用户所使用的显卡为高性能显卡,而企业用户和普通用户一般使用中、低档次的显卡。

不同的显示芯片,不论是内部结构还是其性能,都存在着差异,并且其价格差别也很大。因为显示芯片的复杂性,目前设计、制造显示芯片的厂家只有 nVIDIA、ATI、SiS、3DLabs 等公司。

1. 显卡的芯片类型

(1)独立显卡采用的显示芯片类型

独立显卡采用的显示芯片类型主要有:

①nVIDIA:几代显卡并存,有较多老用户在使用 GeForce FX 5XXX 系列显卡,目前能购买到的低端显卡有 6200 系列和 7300 系列,中端有 6600 系列、6800 系列,高端有 7800 系列、7900 系列等。

②ATI:多代显卡并存,前几代产品有 Radeon7500、8500、9500 系列,Radeon9200、9550、9600 系列,目前的低端主要有 X300、X1300 系列,中端有 X700、X1600 系列,高端有 X800、X1800、X1900 系列等。

(2)集成显卡采用的显示芯片类型

集成显卡采用的显示芯片类型主要有:

①Intel:Intel Extreme Graphics 系列集成显卡,如 865 G、965 G 等主板芯片组整合型显卡的芯片。

②VIA:收购原 S3 公司后推出的自有品牌的显卡芯片 Unichrome 系列集成显卡,如 K8M800、K8M890 等主板芯片组。

③SiS:SiS Real256E 系列集成显卡,如 SiS661FX 等主板芯片组。

④nVIDIA:将自己研发的显示芯片集成在主板中,如 nForce2 MCP、nForce 6100 等主板芯片组。

⑤ATI:将自己研发的显示芯片集成在主板中,如 Radeon Xpress 200 等主板芯片组。

2.显卡的接口

显卡的接口是指显卡与显示器、电视机等图像输出设备连接的接口。如图 3-11 所示的显卡有三个显示接口,从左到右依次是 S 端子、DVI 接口和 VGA 接口。

图 3-11　　显卡接口

①VGA 接口:英文全称是 Video Graphic Array,即视频图形阵列,使用的接口都是 15 针的梯形插头,传输模拟信号,连接 CRT 显示器。

②DVI 接口:英文全称是 Digital Visual Interface,即数字显示接口,用于连接带 DVI 接口的显示器。也可将显卡的 DVI 接口通过转换器转成 VGA 接口,连接 VGA 接口的显示器。

③S 端子:英文全称是 Separate Video,即分离视频,主要用于 TV-OUT(电视输出)。通常显卡上采用的 S 端子有标准的 4 针接口和扩展的 7 针接口。

3.显卡的总线接口

目前独立显卡按总线接口标准来分有 AGP 和 PCI-E 两种,如图 3-12 和图 3-13 所示。AGP 受限于传输带宽的限制,不能发挥出性能越来越强劲的显卡功能,因而出现了 PCI-E×16 的显卡接口标准,无论是从价格来看,还是着眼于未来,PCI-E 替代 AGP 都已经成为现实。目前,Intel 的 915 以上的芯片组、nVIDIA 的 nForce4 以上的芯片组都提供了 PCI-E 的支持。

图 3-12　　AGP 总线接口显卡

图 3-13　　PCI-E×16 总线接口显卡

3.3.2　显卡的主要性能参数

显卡的主要性能参数包括显存、分辨率、色深、刷新率等。

1.显存

显存是显示内存的简称。顾名思义,其主要功能就是暂时储存显示芯片要处理的数据和处理完毕的数据。图形核心的性能愈强,需要的显存也就越多。现在的显存采用的是 DDR 内存,容量至少为 32 MB,ATI 和 nVIDIA 目前计划推出的旗舰产品甚至拥有 256 M DDR2 显存。

2.刷新率

简单地说,刷新率就是指显示器每秒能对整个画面重复更新的次数。若此数为 100 Hz,就表示显卡每秒送出 100 张画面讯号给显示器。一般而言,此数值越高,画面就越柔和,眼睛就越不会觉得屏幕闪烁。

3. 色深

色深是指某个确定的分辨率下,描述每一个像素点的色彩所使用的数据的长度,单位是"位"。它决定了每个像素点可以有的色彩的种类。我们通常用颜色数来代替色深作为挑选显卡的指标,比如 16 位、24 位、32 位色等。颜色数越多,所描述的颜色就越接近于真实的颜色。对于普通用户来讲,16 位色已经接近人眼的分辨极限。值得注意的是,由于显卡上显存容量、数量的限制,分辨率越高,颜色数就越少。

4. 分辨率

分辨率显示画面的细腻程度,一般以画面的最大"水平点数"乘以"垂直点数"来表示。例如,分辨率为 1 024×768,表示整个画面由水平 1 024 个画点乘以垂直 768 个画点组成。

3.3.3　集成显卡介绍

①集成显卡是将显示芯片、显存及其相关电路都做在主板上,与主板融为一体。

②集成显卡的显示芯片有单独的,但现在大部分都集成在主板的北桥芯片中。

③一些主板集成的显卡也在主板上单独安装了显存,但其容量较小,目前绝大部分的集成显卡均不具备单独的显存,需使用系统内存来充当显存,其使用量由系统自动调节。

④集成显卡的显示效果与性能较差,不能对显卡进行硬件升级;其优点是系统功耗有所减少,不用花费额外的资金购买显卡。

3.3.4　显示器类型

再也没有任何设备比显示器给用户更直接的感受了。没有显示器,用户就无法与计算机进行交互操作,无法通过执行结果和系统状态来确定执行方向。显示器是重要的输出设备,目前市场上流行的显示器主要有 CRT 显示器和 LCD 显示器两类,如图 3-14 和图 3-15 所示。

图 3-14　CRT 显示器

图 3-15　LCD 显示器

1. CRT 显示器

CRT(Cathode Ray Tube,阴极射线管)显示器,其最重要的部分是显像管。显像管的工作原理是:通过显像管内部的电子枪发射电子束,以极高的速度轰击屏幕内壁的荧光粉层,而产生一个荧光点。在偏转线圈的作用下,拉动电子束在屏幕表面做高速扫描,形成图像。事实上,CRT 显像管工作比我们描述的还要复杂,显示器的每一个像素由 R、G、B(红、绿、蓝)三个荧光点组成,三个荧光点的明暗组合,便形成不同颜色的像素点,从而组成荧屏上的图案。

CRT 显示器有以下几种分类:

(1)按尺寸大小分

按尺寸大小分主要有 14 英寸、15 英寸、17 英寸、19 英寸、21 英寸显示器等。现在市场上以 17 英寸和 19 英寸为主。

(2)按调控方式分

按调控方式分主要有模拟调节和数字调节显示器。模拟调节显示器采用调节旋钮来调整显示器的参数,这些调节旋钮都采用模拟元件,长期使用会出现老化,会增加故障几率,目前已经退出市场。数字调节显示器内部加入了微处理器,可以更精细地控制和记忆显示模式,外部由微触开关控制,寿命长,故障率低,目前的显示器均采用数字调节方式。

(3)按显像管形状分

按显像管表面的平坦度不同可分为球面显像管、平面直角显像管、超平显像管和纯平显像管。现在市场上的主流显示器都采用纯平显像管。

2. LCD 显示器

LCD(Liquid Crystal Display,液晶显示器)显示器,其显示原理与 CRT 显示器不同,是以电流刺激液晶分子产生点、线、面配合背部灯管构成画面。

与 CRT 显示器相比,LCD 显示器具有以下特点:

①机身薄,节省空间:与比较笨重的 CRT 显示器相比,LCD 显示器只占前者三分之一的空间。

②省电,不产生高温:它属于低耗电产品,可以做到完全不发烫。相对来说,CRT 显示器,因其显像技术较差,不可避免产生高温。

③无辐射,有益健康:LCD 显示器完全无辐射,这对于整天在电脑前工作的人来说是一个福音。

④画面柔和不伤眼:不同于 CRT 技术,LCD 显示器画面不会闪烁,可以减少显示器对眼睛的伤害,眼睛不容易疲劳。

目前市场上主流 LCD 显示器是 17 英寸和 19 英寸显示器。

3.3.5　显示器主要技术指标

衡量一个显示器性能的优劣,需要了解显示器的一些技术指标,它主要包括显示器的尺寸和可视面积、分辨率、扫描频率、刷新率、带宽、点距、坏点、可视角度、亮度与对比度以及响应时间等。

1. 显示器的尺寸和可视面积

显示器的尺寸是指显示屏对角线的长度,使用英寸作为单位(1 英寸=2.54 厘米)。通常我们所说的 17 寸显示器,就是指显示器的显示屏对角线长度为 17 英寸。

可视面积是指用户真正看到的显示屏画面的尺寸,比显示器的实际尺寸要小。因为显像管被固定在显示器的塑料外壳里,有一部分被遮挡在里面,是不可见的。同时,显像管本身的玻壳边缘有一定厚度,也是不能显示画面的。因此,一台 17 英寸的显示器的可视面积是 15.6~16.2 英寸。而 LCD 显示器与 CRT 显示器的原理不同,它需要保留的区域很少,其可视面积与实际尺寸是接近的。

2．分辨率

分辨率是指显示器像素点的个数，用"水平像素数×垂直像素数"来表示，如：1 024×768，其像素点数为 786 432。显示器分辨率越高，其像素点的个数就越多。对于 CRT 显示器，其分辨率是可以改变的。而对于 LCD 显示器，其像素点的个数是固定不变的，也就是说分辨率为"1 024×768"的 LCD 显示器，它就有 1 024×768 个像素点。因此，LCD 显示器都有一个"最佳分辨率"，如果设置的分辨率低于 LCD 显示器的最佳分辨率，则显示结果将会受到影响。

3．扫描频率

所谓扫描频率，是指显示器每秒钟扫描的行数，单位为 kHz。它决定着最大逐行扫描清晰度和刷新速度。水平扫描频率、垂直扫描频率、分辨率这三者是密切相关的，每种分辨率都有其对应的最基本的扫描速度，比如：用于文字处理、分辨率为 1 024×768 的水平扫描速率为 64 kHz。还有的显示器采用的是隔行扫描形式，即先扫描所有的偶数行，再扫描所有的奇数行，与逐行扫描相比，隔行扫描产生的新图像的频率只有逐行扫描的一半，闪烁现象更为严重。当然，即使显示器再好，其扫描频率也只能达到显示卡所能驱动的水平。

4．刷新率

显示器的刷新率是指每秒钟出现新图像的数量，单位为 Hz。刷新率越高，图像的质量就越好，闪烁越不明显，给人的感觉就越舒适。一般认为，70～72 Hz 的刷新率即可保证图像的稳定。

5．带宽

显示器的视频带宽是指电子枪每秒能扫描的点的总数。可用公式"带宽＝水平分辨率×垂直分辨率×最大化刷新频率"表示，其单位用 MHz 表示。视频带宽的数值越大，显示器的性能越好。

6．点距

点距是显示器的一个非常重要的硬件指标。所谓点距，是指一种给定颜色的一个发光点与离它最近的相邻同色发光点之间的距离，如图 3-16 所示。在任何相同分辨率下，点距越小，图像就越清晰。要注意，有的厂家将"水平点距"作为"点距"来标定，以吸引消费者。因此，消费者在选购时，一定要问清，再决定购买。

显示器常见的点距有：0.31 mm、0.28 mm 和 0.24 mm 等。

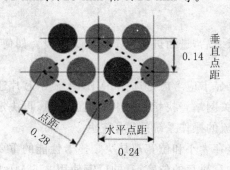

图 3-16　点距示意图

7．坏点

所谓坏点，是指 LCD 显示器上无法控制的恒亮或恒暗的点，坏点的造成是液晶面板生产时因各种因素造成的瑕疵,可能是静电伤害破坏面板,也可能是制程控制不良等等。坏点分为两种:亮点与暗点。亮点就是在任何画面下恒亮的点,切换到黑色画面就可以发现;暗点就是在任何画面下恒暗的点,切换到白色画面就可以发现。按照国际标准,一台合格的 LCD 的坏点数必须在 3 个以下。

8.可视角度

所谓可视角度,就是站在屏幕前某一位置,仍能清晰地看到屏幕的画面的最大的角度。CRT 显示器的最大可视角度接近 180°,而 LCD 显示器则不同,由于 LCD 显示器的物理特性,当使用者从不同角度去看画面时,画面的亮度就不同,当角度较大时,屏幕会变得较暗,甚至成为复像。LCD 显示器的可视角度分为水平可视角度和垂直可视角度。现在市场上的 LCD 显示器的水平可视角度可达 170°,垂直可视角度可达 160°。

9.亮度与对比度

由于 LCD 显示器需要背光灯管来辅助发光。因此,背光灯管的亮度决定着 LCD 的画面亮度和色彩饱和度,亮度越高越好。

对比度是直接关系色彩是否丰富的技术参数,对比度为 120∶1 时就可以显示生动丰富的色彩了,因为人眼可分辨的对比度约为 100∶1。亮度和对比度这两个参数,都是越高越好。

10.响应时间

响应时间是 LCD 显示器比较重要的一个性能参数,对 LCD 的性能影响也较大。但是一般来说,目前主流产品的 12 ms 响应时间已经足够使用,所以普通用户没有必要去追求那些 8ms、4 ms 的极速响应时间。

3.3.6　显卡与显示器的选购

1.显卡的选购

(1)分析显卡的使用需求

对于显卡的选购,应遵循"按需选购"的原则。在选购显卡前,要先分析购买的目的,确定选购目标。显卡按照使用者的用途,可分为:普通家用与办公用户、图形设计用户、游戏玩家显卡。

(2)挑选显卡

在确定显卡的使用需求之后,进而进入显卡的购买阶段。如何挑选一款好的显卡,一般应考虑以下几个方面:

①显示芯片。选择独立显卡应考虑是选择 nVIDIA 显示芯片还是 ATI 显示芯片,如果一时拿不准买哪个,可以登录相关网站查找相关网卡的测试信息,再决定挑选。集成显卡用于低端应用,要选择能够支持目前主流的操作系统的显示芯片。

②显存大小和位宽。显存大小和位宽都是决定显卡性能的重要指标,这两个值越大越好,在选择显存容量的同时还要注意显存的位宽,有的厂家使用 256 MB 的显存来吸引顾客,但是显存的位宽只有 64 bit,这样的显卡性能非常低,购买这种显存的显卡是非常不划算的。

③看做工。显卡是一个模拟电路和数字电路联合工作的部件,对做工要求比较高。杂牌厂商可能在用料上缩水,导致性能、稳定性方面的缺失。如果用户对电路比较熟悉,那么可以查看工艺是否考究;否则的话可以通过品牌来判断。

④看品牌。一流的显卡品牌设计、用料都比较可靠,但价格贵;二线显卡品牌稍弱,但性价比更好。除非有可靠的判断方法,或者只是临时代用,一般不要选择杂牌显卡。

（3）价格权衡

结合经济情况,从几个目标型号中选出一两个最终方案。

（4）渠道考察

注意销售渠道的可靠性,避免购买后没有更换、维修和技术支持服务。

2. 显示器的选购

目前市场上 CRT 显示器和 LCD 显示器两分天下,两类显示器各具优势。CRT 显示器制造技术成熟,价格早已跌破千元之内,受到广大用户的青睐。LCD 显示器由于体积小、重量轻、环保节能,加上技术的不断完善、成本下降等因素,已被广大用户接受。

（1）CRT 显示器的选购

①确定显示器显像管的类型。显像管的品质决定着显示器的成本,目前市场上最好的显像管仍然是"特丽珑"和"钻石珑"显像管,用于高端专业图形显示器。三星的"丹娜管"和 LG"未来窗",更适合普通消费者选购。

②要充分了解显示器的相关技术指标。选购前可以通过产品的宣传单和网络发布的信息了解显示器的技术指标,主要通过扫描方式、点距、分辨率、场频等技术参数,了解其基本性能。

③检查显示器的外观。首先检查显示器的包装及装箱单所列物品是否齐全,然后检查显示器的外壳和显示器的屏幕有无划伤。

④加电测试。加电后,正常的显示器会慢慢地亮起来,时间大约 30 s。检测控制按钮是否操作灵活,是否都能完成设定的功能。同时观察将按钮调节到最大或最小值时,显示器的显示是否正常。设置显示器全白状态（可在 Windows 系统设置）,观察是否有坏点,屏幕颜色是否均匀,有无磁化现象,仔细观察屏幕上各个部位显示的图案是否清晰。

⑤选购有节能标志和安全认证的显示器。在显示器后部的铭牌都标有一些安全认证标志。如 CCEE（长城认证）、CE、FCC、3C 强制认证标志和 TCO'03 认证标志,如图 3-17 所示。这些标志关系到显示器的安全使用,一定不能忽视。

图 3-17 TCO'03、CE、CCEE、FCC 认证标志

⑥注意保修年限和售后服务。保修年限越长越好。本地是否有售后服务网点,解决用户的后顾之忧。

（2）LCD 显示器的选购

在选购 LCD 显示器时还要考虑屏幕尺寸、可视角、对比度、亮度、反应时间、坏点等技术指标,这些指标在前面章节已经介绍,这里就不再叙述。

3.4　键盘与鼠标

鼠标和键盘是计算机不可或缺的输入设备,如果没有它们的支持,功能再强大的计算机都无法操作。

3.4.1　认识键盘

键盘可分为三大类:台式机键盘、笔记本键盘和工控机键盘。我们经常使用的键盘都是台式机键盘,如图 3-18 所示。

在 PC XT/AT 时代,键盘主要以 83 键为主,随着 Windows 系统的流行,这种键盘已经被淘汰,取而代之的是 101 键和 104 键,在这之间,按键数曾出现过 83 键、93 键、96 键、101 键、102 键、104 键、107 键等。104 键的键盘是在 101 键键盘的基础上为 Windows 9x 平台提供增加了三个快捷键(有两个是重复的),所以也被称为 Windows 9x 键盘。

图 3-18　台式机键盘

键盘按工作原理分为机械式键盘和电容式键盘,现在普遍使用的是电容式键盘。键盘按接口类型可分为 AT 键盘、PS/2 键盘、USB 键盘。此外,键盘还有无线连接键盘、人体工学键盘等多个种类。

键盘的品牌有:宏基、明基、罗技、爱国者、双飞燕等。

3.4.2　鼠标的分类

鼠标是一种移动光标和实现选择操作的计算机输入设备,如图 3-19 所示。它的基本工作原理是:当移动鼠标器时,它把移动距离及方向的信息转换成脉冲送到计算机,计算机再把脉冲转换成鼠标器光标的坐标数据,从而达到指示位置的目的。

鼠标按内部结构分为机械式、光电机械式、光电式鼠标。按鼠标接口类型分为 COM 口、PS/2 口、USB 口鼠标。此外,还有轨迹球鼠标和无线鼠标等。

图 3-19　鼠标

3.4.3　键盘与鼠标的选购

键盘与鼠标虽是小件,但如选择不慎,会给今后使用带来很大麻烦。价低质次的鼠标和键盘,往往按键不灵、手感不好,不仅耽误工作,而且还会影响使用者的心情。下面我们将要给大家介绍如何挑选键盘和鼠标。

1.键盘的选购

(1)检查做工

从不同的角度观察键盘外部结构,审视其边缘是否平滑,结合部位有没有杂刺、空隙;将键盘在不同的水平线上平放、仰放,以此观测键盘的整个盘体是否"直",有无细微的异常形变现象等。再者,我们还需要对键盘的每个键位进行敲击和观测,检查其按下和弹起是否正常,有无弹起后歪斜的现象。

（2）体会手感

通过敲击键盘，感受按键的软硬程度是否舒适。对于不同的用户来说，这种或软或硬的手感都有各自的用户群体，因此，建议在选购键盘的时候一定要用手敲打键盘亲自尝试一下手感，并从中选择出最适合自己手感的那种类型键盘。

（3）快捷键位

快捷键位本是品牌电脑上的东西，但随着市场的不断进步，键盘厂商也在其产品上加入了这一功能。这样做的目的无非是为了满足用户对电脑使用方便的需求，譬如，厂家在快捷键中加入了自定义的功能，这样一按快捷键就可以快速地调用相关程序，缩短了操作时间，也给键盘加入附加值。因此，我们可在选购键盘时适当考虑键盘是否拥有快捷键位。

（4）人体工学

随着电脑使用人群对健康的重视不断加强，采用人体工程学的键盘备受瞩目。这是因为采用人体工程学的键盘在长时间的使用中，能在一定程度上减轻用户的手疲劳，而基于人体工程学设计出的托盘和特殊的键盘布局，则为用户的手腕带来了一些细微的保护。

（5）特殊功能

特殊功能，是厂家开发出来满足不同用户需求的功能，一旦这些特殊功能附加在产品中，就形成了防水键盘、无线键盘、游戏键盘等对用户充满诱惑力的产品。当然，由于拥有这些特殊功能，这样的键盘在价格上就比普通键盘贵了一些。

2．鼠标的选购

（1）根据用途选购

对于图形工作者，要求鼠标的反应速度和定位精度一定要高，而且要符合人体工程学设计，舒适性好；经常移动办公使用笔记本的人士，可选用小巧精致的鼠标，便于携带；对于 Office 办公和网络用户，选购的鼠标，要带有滚轮，可以方便浏览，提高效率。

（2）价格和品牌

杂牌鼠标，做工粗糙，价格低廉，使用寿命很低。选择品牌虽然价格比普通鼠标贵几倍，但质量有保证，寿命长。普通用户可选购一些国产品牌，如双飞燕，在质量和价格上还是有保证的。

（3）鼠标质量

和选购键盘相同，鼠标的品质也可以从做工、手感、人体工学等几个因素去评价，当用户在购买鼠标时一定要亲手试用，多方面体会，细心观察。

3.5　声卡与音箱

现代多媒体计算机最重要的因素，除了视频信息以外，当属音频信息了。在 PC 机诞生之初，其 CPU 的处理速度非常低，计算机整体性能不高。当时发声的部件只有一个 PC 喇叭，其主要作用是系统报警和简单发声，计算机还不具备单独处理声音的芯片或部件。随着计算机技术的发展、多媒体计算机的出现，能够处理声音信号的声卡，已经不再为人们所陌生。

3.5.1　认识声卡

1. 声卡的定义

声卡(Sound Card)是多媒体技术中最基本的组成部分,是实现声波/数字信号相互转换的硬件。声卡的基本功能是把来自话筒、磁带、光盘的原始声音信号加以转换,输出到耳机、扬声器、扩音机、录音机等声响设备,或通过音乐设备数字接口(MIDI)使乐器发出美妙的声音,如图 3-20所示。

图 3-20　声卡

2. 声卡的工作原理

声卡的工作原理其实很简单,我们知道,麦克风和喇叭所用的都是模拟信号,而电脑所能处理的都是数字信号,声卡的作用就是实现两者的转换。从结构上分,声卡可分为模数转换电路和数模转换电路两部分。模数转换电路负责将麦克风等声音输入设备采到的模拟声音信号转换为电脑能处理的数字信号;而数模转换电路负责将电脑使用的数字声音信号转换为喇叭等设备能使用的模拟信号。

3. 声卡的分类

目前常见的声卡主要有两类:扩展卡式声卡和集成声卡。扩展卡式声卡又分为 ISA 和 PCI声卡。ISA 声卡已经淘汰,PCI 声卡还在使用。集成声卡是伴随着整合技术出现的,目前大部分用户在选购计算机时,都会选购集成声卡芯片的主板。

3.5.2　集成声卡介绍

与主板集成的声卡有两类:集成软声卡和集成硬声卡。

1. 集成软声卡

集成软声卡是在主板芯片组的南桥芯片中加入声卡的功能,通过软件模拟声卡,完成一般声卡上主芯片的功能,音频输出由"Audio Codec"芯片完成。所以这类主板上没有那种较大的"Digital Control"芯片,只有一块小小的"Audio Codec"芯片。可见集成软声卡就是没有"Digital Control"芯片而只有一块"Audio Codec"芯片的特殊声卡。

集成软声卡与普通声卡相比,由于软声卡没有"Digital Control"芯片,而是采用软件模拟,所以 CPU 占用率比一般声卡高。如果 CPU 速度达不到要求或因为驱动软件有问题,就很容易产生爆音,影响音质。

2.集成硬声卡

为了解决集成软声卡因没有"Digital Control"芯片而造成的诸多缺点。许多主板厂家已经将"Digital Control"芯片做在主板上,在性能上与普通扩展卡式声卡相同,而且大大降低了成本。这种主板最明显的特点是,在主板上都能找到一块"Digital Control"芯片,主板上都集成有音频接口,如图 3-21 所示。

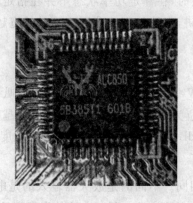

图 3-21　集成声卡芯片和音频接口

3.5.3　音箱的组成与分类

1.音箱的组成

音箱是将音频信号还原成声音信号的一种装置,音箱包括箱体、喇叭单元、分频器、吸音材料四个部分。

2.音箱的分类

音箱有多种分类方式,来划分经常用到的分类方法有以下几种:

①按照箱体材质不同来划分,常见的有塑料箱和木质箱两类,如图 3-22 所示。

②按照声道数量不同来划分,有 2.0 式(双声道立体声)、2.1(双声道另加一个超重低音声道)、4.1 式(四声道加一个超重低音声道)、5.1 式(五声道加一个超重低音声道)音箱,这种分类也是最常用的。

③根据功率放大器的内外置来划分,有有源音箱(放大器内置,最常见)和无源音箱(放大器外置、非常高档的或有特别要求时采用)两类。目前市场上绝大多数多媒体音箱为有源音箱,因为相对来说,有源音箱的制造成本要低于无源音箱。但是,往往无源音箱的声音素质(含独立放大器)要高于有源音箱。

图 3-22　音箱

3.5.4　音箱的技术指标

衡量音箱的技术指标常用的有如下几项:承载功率、频响范围、灵敏度和失真度等。

1. 承载功率

音箱的承载功率主要是指在允许喇叭有一定失真度的条件下,所允许施加在音箱输入端信号的平均功率。

2. 频响范围

音箱的频响范围是指该音箱在音频信号重放时,在额定功率状态下并在指定的幅度变化范围内,所能重放音频信号的频响宽度。从理论上讲,音箱的频响范围应该是越宽越好,至少应该是在 18 Hz～20 kHz 的范围。

3. 灵敏度

音箱的灵敏度是指在经音箱输入端输入 1 W 、1 kHz 信号时,在距音箱喇叭平面垂直中轴前方 1 m 的地方所测得的声压级。灵敏度的单位为分贝(dB)。音箱的灵敏度越高则对放大器的功率需求越小。普通音箱的灵敏度在 85～90 dB 范围内。多媒体音箱的灵敏度则稍低一些。

4. 失真度

音箱的失真度定义与放大器的失真度基本相同。不同的是放大器输入的是电信号,输出的还是电信号,而音箱输入的是电信号,输出的则是声波信号。所以音箱的失真度是指电信号转换的失真,声波的失真允许范围是 10% 以内,一般人耳对 5% 以内的失真基本不敏感。

3.5.5　音箱的选择

音箱的选购与声卡是相配套的,声卡的档次不同,所选购的音箱种类也不同。如果使用的是集成声卡,只需选购价格在 200 元以下普通的 2.0 音箱即可。如果使用的是高档声卡,只有选择高品质音箱,才能发挥其性能的优势。正确挑选音箱,应从以下几个方面着手:

1. 检查音箱的品质

用户在选购音箱时对箱体的外观比较注意,前卫的造型能够唤起消费者的购买欲,而箱体选用材质则往往被忽略。目前音箱的选材主要有两种:塑料箱体和木制箱体。通常认为木制的比塑料的好。但是,这也不尽然。精心设计的塑料音箱,也会发出较好的音质,这取决于音箱的制作技术。同时,用户可以用手去掂量一下音箱的重量,木质音箱材质一般为高密度聚合板,密度大,重量重,能够更好地反射声波。如果木制箱体,体积大,重量轻,性能一般不会很好。

2. 检查扬声器的品质

①看扬声器的振膜材质。普通扬声器可以根据振膜(纸盆)的材料不同来划分,如中低音单元有纸盆、羊毛盆、PVC 盆、聚丙烯盆、金属盆等材料,高音单元有金属球顶,软膜球顶等。这些材质性能各异,价格也有高低,优劣难断,在购买时应掌握"宁硬毋软,宁柔毋刚"的原则。

②看扬声器单元的口径。低音单元扬声器的口径一般在 2～6 英寸之间,在此范围内,口径越大灵敏度越高,低频响应效果越好。

3. 播放试音盘试听

可以选几张试音盘,测试音箱的效果。如测试高音可选择小提琴曲和二胡曲;测试中音可选择民歌;测试低音可选择大提琴曲或古筝曲。好的音箱,在播放试音盘时,能让用户感受到声场的存在,犹如身临其境。通过视听,来比较不同音箱的优劣,再做决断。

3.6　网　卡

网卡也称网络适配器,是计算机连接局域网的重要部件。计算机之间的信息沟通,需要网卡进行数据的发送与接受。每块网卡都有一个世界上唯一的 MAC(Media Access Control)地址,即网卡的物理地址。在网络中网卡会被分配给一个 IP 地址(逻辑地址),用于标识网络中的一个计算机节点。

3.6.1　网卡的分类

网络有许多不同的类型,如以太网、令牌环网、FDDI、ATM、无线网络等。目前绝大多数局域网都是以太网,所以在此只讨论以太网网卡,如图 3-23 所示。

图 3-23　PCI 网卡

1.按照网卡的总线接口来分

按照网卡的总线接口来分,网卡可分为 ISA 网卡、PCI 网卡、USB 网卡、PCMCIA 网卡。

2.按照网卡所支持的数据传输率不同来分

按照网卡所支持的数据传输率不同来分,网卡可分为10 Mbps网卡、100 Mbps 网卡、10 Mb/100 Mbps 自适应网卡、1 000 Mbps 网卡。目前,10 Mb/100 Mbps 自适应网卡广泛应用于计算机网络中。1 000 Mbps 网卡多用于服务器或高端 PC 机中。

3.按照网卡连接介质的不同来分

按照网卡连接介质的不同来分,基本上可以分为粗缆网卡(AUI 接口)、细缆网卡(BNC 接口)及双绞线网卡(RJ-45 接口)。目前用于网络连接的主要选用的是 RJ-45 接口类型的网卡,图 3-24所示为网卡的 RJ-45 接口和 RJ-45 接头。

图 3-24　网卡的 RJ-45 接口和 RJ-45 接头

3.6.2　集成网卡介绍

与集成声卡相同,将网卡集成到主板上的方案,由于价格低廉、性能稳定,已被各大小厂商所广泛采用。特别是随着现在 ADSL 和各种宽带接入方式的普及,网卡的需求量也相继提高,主板集成的网卡品类繁多、花样百出,先后出现了千兆网卡和 DUAL(双网卡)网卡等新式技术。目前常见的网卡芯片为 Realtek、Boardcom 等芯片,如图 3-25 所示。

图 3-25　Broadcom 和 Realtek 集成网卡芯片

3.7　实　　训

到市场上选购计算机各配件

【目的与要求】

1. 了解微型计算机系统各标准外设的技术指标。

2. 重点掌握对各标准外设的选购。

【实训内容】

1. 通过互联网或去硬件市场调查硬盘、光驱、显示器、显卡、声卡、音箱及网卡等外部设备主流产品的型号、性能、价格。

2. 比较各标准外设同类产品性能的不同,写出分析报告。

3.8　习　　题

1. 简述硬盘主从跳线的设置方式。

2. 简述硬盘选购的方法。

3. 简述硬盘的使用和维护方法。

4. 什么是防缓存欠载技术?

5. 简述显卡的主要性能指标。

6. 简述 LCD 显示器的选购方法。

7. 什么是坏点?如何检测?

8. 什么是点距?一般包括哪几种点距?

9. 简述音箱的技术指标。

10. 简述音箱的选购。

第 4 章　其他常用相关设备

【学习要点】移动硬盘、U 盘；输入设备：手写笔、摄像头、扫描仪；输出设备：针式打印机、喷墨打印机、激光打印机。

移动硬盘、U 盘、手写笔、摄像头、扫描仪、打印机等是我们生活和工作中经常用到的一些设备，本章就带领大家一起了解一下它们的一些性能指标和参数，同时给出选购的一些方法和技巧，帮助大家购买到合适的产品。

4.1　常用存储设备

4.1.1　移动硬盘

移动硬盘是以硬盘为存储介质，强调便携性的存储产品。现在市场上绝大多数的移动硬盘都是以标准硬盘为基础的，而只有很少部分是以微型硬盘(1.8 英寸硬盘等)为基础，但价格因素决定了主流移动硬盘还是以标准笔记本硬盘为基础。因为采用硬盘为存储介质，因此移动硬盘对数据的读写模式与标准 IDE 硬盘是相同的。

1. 接口类型

移动硬盘盒外置接口方式主要有并行接口、IEEE1394、USB 三种。并行接口移动硬盘盒出现较早，由于其数据传输率较低并且不支持即插即用功能而被淘汰。

IEEE1394 也称为 Firewire(火线)，它是苹果公司在 20 世纪 80 年代中期提出的，是苹果电脑标准接口。其数据传输速度理论上可达 400 Mbps，并支持热插拔。但只有一些高端 PC 主板才配有 IEEE1394 接口，所以普及性较差。推荐有特殊需要的朋友使用。

USB 接口的移动硬盘盒是主流接口，支持热插拔。USB 有两种标准，USB 1.1 和 USB 2.0。USB 2.0 传输速度高达 480 Mbps，是 USB 1.1 接口的 40 倍，USB 2.0 需要主板的支持，可向下兼容。同品牌 USB 2.0 移动硬盘盒比 USB 1.1 的要贵 30~50 元。但考虑到其速度的巨大差异和 USB 2.0 已成为市场的主流的因素，所以推荐购买支持 USB 2.0 的移动硬盘盒。

现在市场上出现不少 USB 2.0＋IEEE1394 双接口的移动硬盘盒，配置较为灵活，但售价也相对较高。

2. 移动硬盘盒的尺寸

移动硬盘盒分为 2.5 英寸和 3.5 英寸两种。2.5 英寸移动硬盘盒使用笔记本电脑硬盘，体积小，重量轻，便于携带，一般没有外置电源。

3.5 英寸的移动硬盘盒使用台式电脑硬盘，体积较大，便携性相对较差。3.5 英寸的硬盘盒内一般都自带外置电源和散热风扇，价格也相对较高。推荐选购更符合便携性要求的 2.5 英寸移动硬盘盒，如图 4-1 所示。

图 4-1　爱国者 2.5 英寸移动硬盘

3.使用注意的问题

(1)驱动和兼容问题

采用 USB 接口,移动硬盘在 Windows 98 以上的操作系统中是不需要驱动的,Windows 98 需要单独安装驱动。若系统不能找到 USB 设备时,应该看看 BIOS 设置中 USB 接口选项是否开启。若移动硬盘不能正常使用,出现兼容性问题,多数情况下是主板 BIOS 的问题。只要下载最新 BIOS 来升级,一般就可以解决。

USB 接口可向下兼容。如果在只支持 USB 1.1 的电脑上使用 USB 2.0 的移动硬盘,USB 2.0 移动硬盘将降为 USB 1.1 使用,只是速度的降低,不会影响其他正常的使用。

如果将 USB 移动硬盘插在 USB HUB 上使用也可能出现问题,因为一些 USB HUB 对 USB 移动存储设备支持不好。

如果需要为 PC 与 Mac 两个平台来交换文件,则应当选择同时兼容这两个平台的移动硬盘盒。

(2)热插拔

USB 接口移动硬盘支持热插拔,但在使用时最好先将 USB 移动硬盘关闭后再拔下 USB 连线,如图 4-2 所示。特别是不要在移动硬盘读取或写入数据时直接拔下 USB 移动硬盘,这很容易造成数据的丢失甚至移动硬盘的损坏。

图 4-2　关闭 USB 移动硬盘

(3)供电

在这里再次提出供电的问题,因为 USB 接口移动硬盘的 USB 连接线既是数据线,又担负着为移动硬盘供电的作用,因此连接线不宜过长,否则也会产生供电不足的故障。另外,不要同时使用过多的 USB 设备。

(4)防止震动

震动是移动硬盘最大的敌人,即使有移动硬盘盒的保护也要注意,使用时要将它放在平稳的环境下,而且不要在使用时挪动移动硬盘。

4.1.2　U 盘

随着 USB 技术的普及和迅速应用,我们早先最为熟知的软盘的生命期变得很短,到现在基本上已走到尽头。从几年前,我们第一次接触到 U 盘,到今天轻松买到各类功能多样的 U 盘,如图 4-3 所示。可以说,它已经完成了一个产品最初的研发期,进入成熟期。

图 4-3　具备数据安全阀(DTV)的
金士顿 2.0 GB U 盘

我们平常所说的 U 盘,一般指闪存盘,闪存盘是指采用闪存技术来存储数据信息的可移动存储盘。说到 U 盘的优点,不言而喻,容量大、速度快、体积小、抗震强、功耗低、寿命长,U 盘已逐渐成为移动存储领域的新宠。

当前 U 盘市场空前火暴,面对品牌众多、功能各异的 U 盘产品,普通用户如何选购一款品质出众,符合自己所需,同时又特别实惠的 U 盘呢?

1. 选择好品牌

品牌是产品品质与服务的保证,U 盘至今已经有 7 年多的市场生命,无论是技术还是价格都经历过数次的洗礼,缺乏竞争力的产品逐渐退出市场,经受住市场考验的品牌则已经成长为移动存储行业的领军者。

2. 关注数据安全

U 盘的诞生为数据的移动存储与交流带来了方便,但正是因为其优良的便携性,用户对产品的抗震性提出了非同一般的要求。因为如果产品抗震性能不佳,带来的不仅是产品的损失,存储在其中的重要数据同样难免遭受"灭顶之灾"。

3. 选择大容量和高速

从目前的市场上来看,1 GB 以上、USB 2.0 接口已经成为选择 U 盘的趋势。

4. 应用便捷性

目前随着科技的发展,笔记本已经不再是许多人的梦想,移动电脑＋移动存储是一个搭配,一般笔记本的多个 USB 接口间距较小,若 U 盘体积较大,那么在同时连接多个 USB 设备时就有可能互相妨碍,所以在选择 U 盘的时候要选择以巧为宜。

5. 最好多功能

U 盘一般都仅仅局限于存储数据,但扩展功能和增值服务是不能不去考虑的,扩展性和增值性是延长产品使用寿命的一个关键点。

6. 售后服务不可少

服务绝对是不可缺少的环节,目前因为 U 盘使用不当或意外损坏给用户带来损失是比较普遍的现象,因此选择具备优质服务的品牌是免除后顾之忧的最好办法。

4.2　常用输入设备

4.2.1　手写笔

手写设备的适用人群存在着一定的局限性,并不是所有的电脑用户都需要购买手写设备。因此电脑用户选择的手写设备,必须能够起到键盘所无法替代的作用。比如说学习画画的小朋友,不会打字的中老年人,从事专业绘画工作的美术设计人员等,这些人群都需要用手写设备来完成键盘、鼠标所无法完成的任务。

目前,市场上手写笔品牌众多,用户在选购手写笔时应注意些什么呢?

问:选购手写笔时最应关注产品的哪些功能?

答:选购手写笔时最应该关心的是手写软件的文字识别能力。目前,在工笔字识别方面,汉王、蒙恬、紫光等知名品牌都已经发挥到了极限,最关键的是看它们识别连笔、倒插笔、简化字及繁体字的能力及适应每个字符多样化书写的自由度。

问:市面上有很多手写笔品牌都自称采用了 GBK 字库,那么应该怎样辨别它呢?

答:建议大家千万不要听信商家的一面之词,最简单的办法就是用一些较为生僻的汉字一一测试,例如"焗"、"啰"、"瞭"、"镕"……这些都是比较常用而 GB 2312 字库里没有的汉字。

问:安装手写笔对计算机系统有什么要求? 该如何安装?

答:手写笔对计算机系统要求不高,大多都能支持。手写笔的安装比较简单,以汉王的"大将军"为例,它采用了 USB 接口,安装时只需将手写板插到 USB 接口上,再安装软件就行了,台式机和笔记本电脑都能方便地安装使用。

问:手写笔可以在哪些应用软件上使用?

答:手写输入是一种不依赖于中文平台与应用软件的输入方法,只要是中文平台能支持的应用软件,在任何有编辑区、编辑行的地方(如 Word、写字板、聊天室、电子邮件、OICQ 编辑框等),都可以方便地直接使用手写笔输入汉字。

4.2.2 摄像头

摄像头作为一种视频输入设备,从诞生到今天已经很久了。过去摄像头被广泛地运用于视频会议、远程医疗及实时监控。近年来,随着互联网技术的发展、网络速度的不断提高,再加上 CCD/CMOS 成像器件技术的成熟并大量用于摄像头的制造上,这使得它的价格降到普通人可以承受的水平。普通的人也可以彼此通过摄像头在网络上进行有影像、有声音的交谈和沟通,另外,人们还可以将其用于当前各种流行的数码影像、影音处理(比如当一个像素较低的数码相机或是数码摄像机用)。

目前市面上的摄像头基本有两种:一种是数字摄像头,可以独立与微机配合使用;另一种是模拟摄像头,要配合视频捕捉卡一起使用。

1. 数字摄像头

数字摄像头是一种数字视频的输入设备,利用光电技术采集影像,通过内部的电路把这些代表像素的"点电流"转换成为能够被计算机所处理的数字信号的 0 和 1,而不像视频采集卡那样首先用模拟的采集工具采集影像,再通过专用的模数转换组件完成影像的输入,数字摄像头在这个方面显得集成度更高。

数字摄像头将摄像头和视频捕捉单元做在一起。它的优点是使用简单,一般都通过 USB 连接,是即插即用的,安装简单。鉴于 USB 摄像头从 USB 端口得到电源动力,所以适合携带和室外办公用,他的市场和优势是很大的,另外数字摄像头的价格也相对便宜,一般的家庭用户可考虑购买数字摄像头。图 4-4 为爱国者数字摄像头。

图 4-4　爱国者数字摄像头

2. 模拟摄像头

模拟摄像头多为 CCD 的,不同档次其分辨率不同。模拟摄像头要与电脑配合工作,需要有视频捕捉卡或外置捕捉卡。

视频捕捉卡档次差距很大,高档的视频捕捉卡往往带有实时视频压缩功能,适用于专业应用,一般家庭应用可以通过软件完成压缩工作,只不过多花些时间罢了。

3. 摄像头的选购

像素是衡量摄像头的一个重要指标之一。一般来说,像素越高的产品其图像的品质越好,现在 130 万像素的产品已经成为主流,低像素的产品尽量不要选择。摄像头的连接方式一般有三种:接口卡、并口和 USB 接口。USB 接口方式是目前的主流,现有的主板都支持 USB 连接方式,方便和强大的扩充能力是 USB 接口的最大优点,而且现在的数字摄像头的功耗较小,依靠 USB 提供的电源就可以工作。建议选择 USB 接口的产品。

4.2.3　扫描仪

扫描仪的功能是把已经拍好的照片、报纸杂志上的图像通过扫描后保存到电脑里。近年来,扫描仪又多了一个用处,就是人们常说的"OCR",用这种方法,可以把纸张上的文字经扫描后自动转成电脑里可编辑的文本文件,这样,可以大大减少打字时的错误,节省输入时间。图 4-5 所示为惠普 Scanjet 4370 扫描仪。

图 4-5　惠普 Scanjet 4370 扫描仪

扫描仪的选购除了外观坚固以外,性能指标是最重要的一环。看扫描仪的性能指标好坏,主要从以下几点来观察:

1. 扫描仪的分辨率

目前,扫描仪的分辨率反映出扫描仪扫描图像的清晰程度。一般的家庭或办公用户建议选择 600×1 200 dpi 的扫描仪。2 400×4 800 dpi 以上级别是属于专业级的,适用于广告设计行业。

2. 色彩位数

色彩位数是反映扫描仪对扫描的图像色彩范围的辨析能力。通常扫描仪的色彩位数越多,就越能真实反映原始图像的色彩,扫描的图像效果也越真实,当然随之造成图像文件的体积也会增大。色彩位数的具体指标是用"位"(即 2 的多少次方)来描述,常见的扫描仪色彩位数有 24 位、32 位、48 位等,建议大家选购 24 位以上色彩位数的扫描仪。

3.价格

一分价钱一分货,相对来说,价格贵的东西大多都是比较好的。但如果是作为家庭购买,那还要看实际的需求。对于专业用户而言,应根据不同的工作内容来选择相应配置的高档扫描仪。

4.3　常用输出设备

4.3.1　针式打印机

作为打印机产品线中资格最老的针式打印机,由于打印效果比较普通,而且噪音较大,所以在普通家庭及办公应用中有逐渐被喷墨和激光打印机所取代的趋势。近几年正渐渐地淡出许多用户的视野,市场上它们的身影也是越来越少见了,从而许多人都觉得针式打印机真的是该淘汰了。但事实上,目前只有针式打印机才能够进行多层的票据复写打印。加上目前"金税"、"金卡"、"医保"等相关工程的开展,越来越多的商业企业及银行、邮局,甚至是医院都需要进行票据打印,这就使得他们必须购买针式打印机。也正是因为如此,针式打印机将会继续生存下去。

那么对于用户,在实际选购针式打印机时又需要注意哪些问题呢?

第一,根据应用选择针式打印机的类型。针式打印机还可以分为通用针式打印机和专用针式打印机两大类。通用针式打印机就是我们最为常见的滚筒式打印机,如图 4-6 所示,不过目前许多高端的通用型产品也同样具有平推进纸的功能。而专用打印机则是指有专门用途的平推式打印机,如存折打印机、税务票据打印机等。那么就应该根据需要来选择专用型产品或者是通用型产品。

图 4-6　映美 FP-8400KII 型通用针式打印机

第二,对产品进行实地考察。对于产品来说,光看技术指标是不够的,我们在选购时一定要进行实际的考察和试用。比如打印噪声,多少分贝是多大声音,绝大多数的人是无法根据指标来判断的,只有实际的听一下才知道具体效果。如果条件不允许,则可参考专业测评媒体的相关数据进行对比分析,总之不应完全以厂商标称参数去选择产品。

4.3.2　喷墨打印机

喷墨打印机是在针式打印机之后发展起来的,采用非打击的工作方式。比较突出的优点有体积小、操作简单方便、价格便宜、打印噪音低,使用专用纸张时可以打印出和照片相媲美的图片等等。目前喷墨打印机按颜色可以分为彩色与黑白打印机。按照打印头的工作方式可以分为压电喷墨技术和热喷墨技术两大类型。按照喷墨的材料性质又可以分为水质料、固态油墨和液态油墨等类型的打印机。采用热喷墨技术的产品比较多,主要为佳能(Canon)、惠普(HP)、爱普生(EPSON)等公司所使用。图 4-7 所示为爱普生 Stylus Photo 1390 喷墨打印机。

图 4-7　爱普生 Stylus Photo 1390 喷墨打印机

适合家庭应用的喷墨打印机种类繁多,新技术和新产品也层出不穷。对于普通家庭用户而言,看着厂商们言辞华美的广告宣传与那些闪烁其词的品质允诺,选购一款称心如意的打印机就像是"大海捞针"。选购喷墨打印机时应该主要考虑以下几点:

①品牌可信度。在一定程度上来说,购买"口碑"好的产品就像吃了一颗定心丸,心里感到踏实。购买喷墨打印机也一样,品牌就决定了产品的质量,与产品相关的各种细节往往在品牌上就能体现。

②性能对比度。对于普通家庭用户来说,购买打印机的主要目的还是要让它辅助自己的工作,因此更应该看重其实用性,打印质量和打印速度就相对重要一些。一般情况下,速度与质量成反比关系。好在对于家庭用户,速度的意义并不很重要,不过,现在的产品大多都注意到了质量与速度的平衡。

③成本可控度。对用户来说,考虑价格时不只是打印机的价格,还应该考虑到打印介质与耗材(墨盒)的价格。喷墨打印机耗材费用很高是不争的事实,打印机使用的时间越长,耗材所耗费的金钱就越多,打印介质的成本也在增加。不过,厂家们都在这方面进行研发,如"一键"取消打印功能,为用户节省纸张和墨水,实现成本可控。

④服务完美度。服务往往是用户最容易忽视的地方,但往往却很重要,毕竟用户不是专家。像便捷的产品维修、及时的驱动更新、一定的技术支持等都与用户关系密切。

总之,用户首先要根据自身实际情况及使用打印机的目的,综合考虑上面的几大注意事项,并将你想要买的打印机对号入座地对比,相信总有一款适合你。

4.3.3　激光打印机

激光打印机又称为页式打印机,顾名思义,它一次就可以打印完一整张纸。与针式打印机和喷墨打印机相比,激光打印机有非常明显的优点。图 4-8 所示为联想激光打印机。

图 4-8　联想激光打印机

1.激光打印机的特点

①高密度。激光打印机的打印分辨率最低为 300 dpi,还有 400 dpi、600 dpi、800 dpi、1 200 dpi 以及 2 400 dpi 和 4 800 dpi 等高分辨率的打印机,几乎达到了印刷的水平。

②高速度。激光打印机的打印速度最低为 4 ppm(pages per minute),一般为 12 ppm、16 ppm,有些激光打印机的打印速度可以达到 24 ppm 以上。

③噪音低。一般在 53 dB 以下,非常适合在安静的办公场所使用。

④处理能力强。激光打印机的控制器中有 CPU 和内存,控制器相当于计算机的主板,所以它可以进行复杂的文字处理、图像处理、图形处理,这是针式打印机与喷墨打印机所不能完成的,也是页式打印机与行式打印机的区别。

激光打印机的不足之处是:价格及耗材贵,不可以用复写纸同时打印多份,且对纸张的要求较高。

近年来,由于办公室的网络化,对激光打印的要求也增加了网络方面的要求,于是出现了网络激光打印机。

2.激光打印机的选购要点

选购激光打印机时,衡量激光打印机的技术指标很多,主要有打印幅面、打印分辨率、标称打印速度、打印机内存、硒鼓寿命、CPU 性能、送纸器总容量、接口等等。其中一些参数与喷墨打印机有些相似,在此不再详述。

4.4　常用网络设备

4.4.1　宽带 Modem

Modem 是调制解调器的英文名称,俗称"猫",是用户上网的一种拨号工具,而宽带 Modem

则是宽带上网的一种拨号工具。目前,ADSL 已经成为世界各地实现宽带接入的热点,国内也大范围地推广。图 4-9 所示为天邑 HASB-1001 ADSL Modem。

图 4-9　天邑 HASB-1001 ADSL Modem

ADSL(非对称数字环路)技术是宽带接入技术中的一种,它利用现有的电话用户线,通过采用先进的复用技术和调制技术,使得高速的数字信息和电话语音信息在一对电话线的不同频段上同时传输,为用户提供宽带接入(从网络到用户的下行速率可达 8 Mbps,从用户到网络的上行速率可达 1 Mbps)的同时,维持用户原有的电话业务及质量不变。

1. ADSL 的特点

①可充分利用现有的铜线网络。

②ADSL 系统初期投资小,设备可随用随装,时间短,设备拆装容易、方便。便于转移,适合流动性较强的用户。

③ADSL 充分利用双绞线上的带宽,以先进的调制技术,产生更大、更快的通路。

④一条 ADSL 线路可同时提供个人计算机网络和电话频道。在一条普通电话网上接听电话或拨打电话的同时进行 ADSL 的数据传输而又互不影响,它能在同一普通电话网上分别传送数据和话音信号。

⑤技术先进性:ADSL 与其他宽带接入方式(如 Cable Modem、小区宽带等方式)相比在技术上更为先进。ADSL 利用中国电信深入千家万户的电话网络,形成了一户一线星型结构的网络拓扑构造,骨干网络采用中国电信遍布全国的光纤传输网,接点采用 ATM 宽带交换机处理交换信息,用户可以独享 1～8 MB 的传输带宽,信息传递快速且安全保密。

⑥ADSL 能提供多种先进服务:使用 ADSL 可以获得动态公网 IP 地址,因此可提供多种以前家用网络不敢想也没能真正实现的先进服务,如建立个人网站、提供真正的视频点播、网上游戏、交互电视、网上购物等宽带多媒体服务,远程 LAN 接入、远地办公室、在家工作等高速数据应用,以及远程医疗、远程教学、远地可视会议、体育比赛现场即时传送等。

2. ADSL 宽带 Modem 的性能指标

ADSL 宽带 Modem 的兼容性会直接影响到上网质量。衡量一款 ADSL 宽带 Modem 的优劣,主要从以下几个性能指标来判断:

(1)线路激活时间

ADSL 用户上网时,ADSL 宽带 Modem 加电后会先自检,然后与局端的 ADSL 宽带设备进行通讯,检查用户到局端的线路是否正常,这一过程也被称为线路激活时间。宽带 Modem 的线路激活时间越短,ADSL 宽带 Modem 的性能也就越好。

(2)散热性能

ADSL 宽带 Modem 在工作时会产生一定的热量,温度越高,宽带 Modem 的性能也就越低。因此,一款性能优越的宽带 Modem 必须具备良好的散热性能。

(3)掉线率

众所周知,ADSL 是一种借助电话铜缆的宽带接入模式,这一特性也决定了 ADSL 的线路远不如光纤等接入模式稳定。一旦 ADSL 线路不稳定,一些宽带 Modem 将有可能会掉线,因此,掉线率是衡量 ADSL 宽带 Modem 一个最重要的性能指标。

(4)稳定性

宽带 Modem 的稳定性是一个相对空泛的概念,也是衡量一款宽带 Modem 性能的一个指标。从整体来说,宽带 Modem 的稳定性包含以下几点:宽带 Modem 是否可以长时间工作,这里指的长时间工作是连续工作 48 小时以上;宽带 Modem 是否可以承受长时间大流量的数据传输等。

(5)传输距离

ADSL 宽带网络的信号是有一定传输距离的,目前,第一代 ADSL 网络的实际传输距离一般仅为 3 km 左右,二代 ADSL 即 ADSL2 的实际传输距离也不超过 4 km,而 ADSL2+的实际传输距离则可以达到 6 km。

4.4.2　集线器

集线器(HUB)属于数据通信系统中的基础设备,它和双绞线等传输介质一样,是一种不需任何软件支持或只需很少管理软件管理的硬件设备。它被广泛应用到各种场合。集线器工作在局域网(LAN)环境中,像网卡一样,应用于 OSI 参考模型第一层,因此又被称为物理层设备。其实,集线器实际上就是中继器的一种,其区别仅在于集线器能够提供更多的端口服务,所以集线器又叫多口中继器。图 4-10 所示为中兴集线器。

图 4-10　中兴集线器

集线器也有带宽之分,如果按照集线器所支持的带宽不同,我们通常可分为 10 Mbps、100 Mbps、10/100 Mbps 三种,基本上与网卡一样。在这里要事先明白的一点就是这里所指的带宽是指整个集线器所能提供的总带宽,而非每个端口所能提供的带宽。在集线器中所有端口都是共享集线器的背板带宽的,也就是说如果集线器带宽为 10 Mbps,总共有 16 个端口,16 个端口同时使用时则每个端口的带宽只有 10/16 Mbps。当然所连接的节点数越少,每个端口所分得的带宽就会越宽。这一点它与交换机是有根本区别的,也是它之所以被交换机取而代之的一个重要原因之一,关于它们之间的区别当然远不止这些,在此就不作多讲。

集线器按功能可分为基本型集线器、智能型集线器、模块式集线器和堆叠式集线器四种。

4.4.3　交换机

交换机(Switch),也称为交换式集线器,是简化(典型)的网桥,一般用于互联相同类型的局域网(如以太网—以太网的互联)。交换机和网桥的不同在于:交换机端口数较多,交换机的数据传输效率较高。以太网交换机采用存储转发(Store-Forward)技术或直通(Cut-Through)技术来实现信息帧的转发。图 4-11 所示为 TP-Link TL-SF1005D 交换机。

图 4-11　TP-Link TL-SF1005D 交换机

1. 直通交换

当接收到一个帧的目的地址(MAC 地址)后马上决定转发的目的端口,并开始转发,而不必等待接收到一个帧的全部字节后再进行转发。相对存储转发技术而言,降低了传输延迟,但在传输过程中不能进行校验,同时也可能传递广播风暴。

2. 存储转发交换

从功能上讲,就是网桥所使用的技术,等到全部数据都接收后再进行处理,包括校验、转发等。相对于直通技术而言,传输延迟较大。

一些交换机可以同时使用上述两种技术。当网络误码率较低时采用直通技术,当网络误码率较高时则采用存储转发技术。这种交换机被称为自适应交换机。

作为局域网的主要连接设备,以太网交换机成为应用普及最快的网络设备之一。随着交换技术的不断发展,以太网交换机的价格急剧下降,交换到桌面已是大势所趋。如果你的以太网络上拥有大量的用户、繁忙的应用程序和各式各样的服务器,而且你还未对网络结构做出任何调整,那么整个网络的性能可能会非常低。解决方法之一是在以太网上添加一个交换机。

4.4.4　路由器

前面提到集线器的作用可以简单地理解为将一些机器连接起来组成一个局域网。而交换机的作用与集线器大体相同。但是两者在性能上有区别:集线器采用的是共享带宽的工作方式,而交换机是独享带宽。路由器(Router)与以上两者有明显区别,它的作用在于连接不同的网段并找到网络中数据传输最合适的路径,可以说一般情况下个人用户需求不大。路由器是产生于交换机之后,就像交换机产生于集线器之后,所以路由器与交换机也有一定联系,并不是完全独立的两种设备。路由器主要克服了交换机不能路由转发数据包的不足。图 4-12 所示为 TP-Link TL-R402M 路由器。

图 4-12　TP-Link TL-R402M 路由器

所谓"路由",是指把数据从一个地方传送到另一个地方的行为和动作,而路由器,正是执行这种行为动作的机器,它是一种连接多个网络或网段的网络设备,它能将不同网络或网段之间的数据信息进行"翻译",以使它们能够相互"读懂"对方的数据,从而构成一个更大的网络。

简单地讲,路由器主要有以下几种功能:

1.网络互联

路由器支持各种局域网和广域网接口,主要用于互联局域网和广域网,实现不同网络互相通信。

2.数据处理

路由器提供包括分组过滤、分组转发、优先级、复用、加密、压缩和防火墙等功能。

3.网络管理

路由器提供包括配置管理、性能管理、容错管理和流量控制等功能。

为了完成"路由"的工作,在路由器中保存着各种传输路径的相关数据——路由表(Routing Table),供路由选择时使用。路由表中保存着子网的标志信息、网上路由器的个数和下一个路由器的名字等内容。路由表可以是由系统管理员固定设置好的,也可以由系统动态修改,可以由路由器自动调整,也可以由主机控制。在路由器中涉及两个有关地址的名称概念:静态路由表和动态路由表。由系统管理员事先设置好固定的路由表称之为静态(Static)路由表,一般是在系统安装时就根据网络的配置情况预先设定的,它不会随未来网络结构的改变而改变。动态(Dynamic)路由表是路由器根据网络系统的运行情况而自动调整的路由表。路由器根据路由选择协议(Routing Protocol)提供的功能,自动学习和记忆网络运行情况,在需要时自动计算数据传输的最佳路径。

4.5　实　训

微机其他输入、输出设备的安装使用和选购

【目的与要求】

1.掌握移动硬盘、U盘、手写笔、摄像头、扫描仪、打印机的安装和使用方法。

2.掌握它们的选购方法与技巧。

【实训内容】

1.学会安装使用以上各设备,有条件的可以用实物进行讲解和测验。

2.让学生到电脑市场去了解这些产品的价格、性能和发展方向等,同时可以模仿买一个移动

硬盘或 U 盘,从而了解各种品牌的特性。

　　3.让学生实际操作一下,扫描一张图片或者照片,让学生体会扫描仪的好处。

4.6　习　　题

　　1.针式打印机有什么特点?

　　2.在目前你所处的地方,手写系统的主要品牌有哪些?

　　3.说出 5 种常见的 U 盘的品牌。

　　4.说出购买扫描仪的注意事项。

　　5.集线器、交换机和路由器的主要功能是什么? 它们之间有什么区别和联系?

第二部分

组装篇

第二部分

舞蹈学

第 5 章　计算机硬件组装

【学习要点】　计算机配件的搭配问题；装机过程中的注意事项；装机配置方案；装机方法与技巧。

说到自己动手组装计算机，很多朋友既兴奋又担心。其实只要对配件有足够的认识和了解，胆大心细，严格按照规范来操作，一般是不会损坏硬件的。下面我们就以组建一套最基本的计算机系统为例，来了解一台计算机究竟是如何组装起来的。

5.1　组装前的准备工作

不可否认，尽管装机是一件比较简单的事情，但是如果缺乏一些相关的基础知识的话，也会遇到很多困难，甚至造成无法挽回的硬件损坏。

5.1.1　配件准备

我们知道，一台最基本的计算机是由 CPU、主板、内存、硬盘、光驱、软驱、显卡、声卡、网卡、显示器、音箱、机箱、电源、键盘、鼠标及各种数据线和电源线等构成。这些就是我们组装前要准备的各种配件。

在装机之前，我们必须逐一采购各种配件，而这些配件还必须有机地配合才能使用。大家可能习惯先选择 CPU 再选择其他的配件，当然这也没什么不对。只是选择了 CPU 就应该选择与之相适应的主板，之后，有方向地去选择内存、显卡、硬盘等主要配件。

具体来说，必须注意以下五点：

1. CPU 与芯片组的配合

目前，台式机 CPU 主要分为两大派系：AMD 和 Intel，它们分别需要对应不同的芯片组，因此并不是任何一款主板都能随便使用 AMD 或者 Intel 的 CPU。如果说识别主板的芯片组有所困难的话，大家也可以通过对主板上 CPU 插座的外观进行判别。

2. 内存与主板配合

内存的重要性想必大家有所听闻。事实上内存插槽也是集成在主板上，而且与各种内存之间也有一一对应的关系。主板采用何种内存也是由芯片组来决定的，因为北桥芯片中包含了极为重要的内存控制器。需要注意的是，部分采用 VIA 与 SiS 芯片组的主板可能同时支持 SDRAM 与 DDR，但是此时 SDRAM 与 DDR 内存并不能混插。

3. 电源与主板配合

到目前为止，ATX 电源接口已经完全取代了传统 AT 电源接口。不过需要注意的是，部分 Pentium 4 主板为了加强电源供应而特别采用了 4 PIN 以及 6 PIN 电源接口，此时需要 ATX 电源也具备相应输出接头。6 PIN 电源接口相对较为少见，而 4 PIN 电源接口几乎是必需的，为了照顾一些升级用户,有些 Pentium 4 主板采用常见的 D 型接口来替代或者干脆不需要辅助电源接口。如果大家使用的是工作站级别的主板,那么很可能涉及 24 PIN 接口的 ATX 电源,其输出接头外形比普通 20 PIN ATX 电源更大。

4. 显卡与主板配合

对于非集成型的主板而言,目前主要使用 AGP 和 PCI-E 接口的显卡。但是,如果用户使用的主板与显卡在档次上相差很大(特别是使用二手配件组装计算机的读者),一定要注意 AGP 插槽的兼容性问题。

5. CPU 风扇与 CPU 配合

以往用户并不怎么重视 CPU 风扇,可是随着 Pentium 4 以及 Athlon XP 发热量的与日俱增,用户越来越重视。在购买 CPU 风扇时,要选择与 CPU 相适合的风扇。

另外,在安装散装 CPU 时导热硅脂必不可少,大家可购买优质导热硅脂备用。

5.1.2　工具准备

常言道"工欲善其事,必先利其器",没有顺手的工具,装机也会变得麻烦起来,那么哪些工具是装机之前需要准备的呢?

1. 十字螺丝刀

十字螺丝刀又称为十字螺丝起子或十字改锥,是用于拆卸和安装螺丝钉的工具。由于计算机上的螺丝钉全部都是十字形的,所以只要准备一把十字磁性螺丝刀就可以了。那么为什么要准备磁性的螺丝刀呢? 这是因为计算机器件安装后空隙较小,一旦螺丝钉掉落在其中想取出来就很麻烦了。另外,磁性螺丝刀还可以吸住螺丝钉,在安装时非常方便,因此计算机用螺丝刀多数都具有永磁性。

2. 一字形螺丝刀

一字形螺丝刀又称平口螺丝刀。一把一字形螺丝刀,不仅可方便安装,而且可用来拆开产品包装盒、包装封条等。

3. 镊子

还应准备一把大号的医用镊子,它可以用来夹取螺丝钉、跳线帽及其他一些小零碎的东西。

4. 钳子

钳子在安装计算机时用处不是很大,但对于一些质量较差的机箱来讲,钳子也会派上用场,它可以用来拆断机箱后面的挡板。这些挡板按理用手来回折几次就会断裂脱落,但如果机箱钢板的材质太硬,那就需要钳子来帮忙了。

建议:最好准备一把尖嘴钳,它可夹可钳,这样还可省却镊子。

5. 电源排型插座

由于计算机系统不止一个设备需要供电,所以一定要准备万用多孔型插座一个,以方便测试机器时使用。

6. 器皿

计算机在安装和拆卸的过程中有许多螺丝钉及一些小零件需要随时取用,所以应该准备一个小器皿,用来盛装这些东西,以防丢失。

7.工作台

为了方便安装,应该有一个高度适中的工作台,无论是专用的电脑桌还是普通的桌子,只要能够满足使用需求就可以了。

5.1.3　装机过程中的注意事项

首先要记住的是无论安装什么,一定要确保系统没有接通电源。其次还要注意以下几点:

1.防止静电

在安装过程中,一定要注意防止静电。特别是冬季干燥寒冷,我们穿的多为羊毛化纤制品,最容易产生静电。而这些静电则可能将集成电路内部击穿导致整个配件报废,这是非常危险的。最佳的静电防护方法是使用专用的防静电带,并且接地。如果没有接地设备,也可以在装机前用手触摸一下接地的导电体(如金属水管、暖气管等)或洗手以释放掉身上携带的静电荷。

2.防止液体进入计算机内部

在安装计算机元器件时,要严禁液体进入计算机内部的板卡上。因为这些液体都可能造成短路而使器件损坏,所以要注意不要将喝的饮料摆放在机器附近,对于容易出汗的朋友来说,也要避免头上的汗水滴落,还要注意不要让手心的汗沾湿板卡。

3.使用正确的安装方法,不可粗暴安装

虽然各 PC 接口依照严格的规范要求,理论上不会发生接口方向接反的现象,但是如果使用蛮力强行插入,当然也可能把一些配件安装到其他的插槽上面。这样造成的后果就相当严重,曾经就有人把内存插反而使其烧毁的例子。在安装的过程中一定要注意正确的安装方法,对于不懂不会的地方要仔细查阅说明书,不要强行安装,因为稍微用力不当就可能使引脚折断或变形。对于安装后位置不到位的设备不要强行使用螺丝钉固定,因为这样容易使板卡变形,日后易发生断裂或接触不良的情况。

4.以主板为中心,把所有东西排好

把所有零件从盒子里拿出来,按照安装顺序排好,看看说明书中有没有特殊的安装需求。准备工作做得越好,接下来的工作就会越轻松。

在主板装进机箱前,先装上 CPU、内存及机箱连线等,不然过后会很难装,甚至还会伤到主板。此外,在装 AGP 与 PCI 卡时,要确定其安装牢固,因为很多时候,上螺丝时,卡会跟着翘起来。如果撞到机箱,松脱的卡会造成运作不正常,甚至损坏。

5.最小系统测试

建议只装必要的电源、主板、CPU、内存、显示卡、显示器、键盘和硬盘组成,这个最小系统主要用来判断系统是否可完成正常的启动与运行。其他的如 DVD、声卡、网卡等,要在确定没问题的时候再装。此外,第一次安装好后把机箱关上,但不要锁上螺丝钉,因为如果哪儿没装好还会开开关关好几次。

上面我们介绍了一些注意事项,但是大家千万不要把装机想象成是一件极其困难的事情,只要按照我们第 5.2 和 5.3 节的说明和示意图的步骤来进行,装机是非常简单的,至少在硬件的安装上是相当容易的。

5.2　装机配置方案

　　长期以来,装机是选择 Intel 平台还是 AMD 平台这个问题一直是仁者见仁,智者见智。支持 Intel 的用户普遍认为,作为全球第一大处理器生产商,Intel 推出的产品质量过硬,性能稳定,能够满足不同类型用户的需要;而支持 AMD 的则认为,同样作为全球知名的半导体厂商,AMD 处理器一直以来就以性价比著称,它旗下的产品,特别是采用 K8 架构的双核处理器,在游戏中拥有非常不错的表现,选择游戏,一定不能错过 AMD 平台。面对这两大"阵营",处于中立的初级用户往往会迷失方向,不知道攒机时到底该选什么样的 CPU 才合适,今天,我们就列举 Intel 和 AMD 平台高、中、低端各档次的相关配置进行对比,以供用户参考,选择适合自己的配置方案。

5.2.1　低端经济型配置

1. Intel 平台

Intel 平台低端经济型配置如表 5-1 所示。

表 5-1　Intel 平台低端经济型配置

配件名称	型　　号	价格(元)
CPU	Intel 赛扬 420	260
散热器	九州风神 Winner6700	50
主板	华擎 ConRoe1333-D667 R2.0	475
内存	超胜 1 GB DDR2 800	325
硬盘	希捷 7200.10 160 GB 8 M SATA	420
显卡	主板集成	—
声卡	主板集成	—
网卡	主板集成	—
显示器	明基 FP73G	1399
音箱	麦博 M-111	99
光驱	建兴 16×DVD	150
机箱	百盛 C501	260
电源	机箱自带	—
鼠标、键盘	双飞燕 斜键防水套装	60
合计		3498

配置说明:

　　这是一套售价不足 3 500 元的 Intel 单核配置,采用了赛扬 420 处理器搭配 945GC 主板的解决方案。内存方面,单条 1 GB DDR2 800 内存尽管不能工作在 800 MHz 频率上,但具有前瞻性的购买可以为未来的升级提供方便,160 GB 硬盘也基本能满足用户的需求,17 英寸液晶显示器在节约桌面空间的同时对眼睛的刺激也减到了最小,总的来说,这套配置的 3D 加速性能并不是很好,但稳定性、兼容性及功耗控制(赛扬 420 的 TDP 功耗降低到了 35 W)都是相当不错的,比较适合办公使用。

2. AMD 平台

AMD 平台低端经济型配置如表 5-2 所示。

表 5-2　AMD 平台低端经济型配置

配件名称	型　号	价格(元)
CPU	AMD Athlon 64 3000＋(盒)	310
散热器	盒装自带	—
主板	昂达 A69T	475
内存	超胜 1 GB DDR2 800	325
硬盘	希捷 7200.10 160 GB 8 M SATA	420
显卡	主板集成	—
声卡	主板集成	—
网卡	主板集成	—
显示器	明基 FP73G	1 399
音箱	麦博 M-111	99
光驱	建兴 16×DVD	150
机箱	百盛 C501	260
电源	机箱自带	—
鼠标、键盘	双飞燕　斜键防水套装	60
合计		3 498

配置说明：

这套 AMD 的单核入门配置与 Intel 的单核入门配置采用了几乎同样的配件,只是在 CPU 和主板上有所不同。AMD Athlon 64 3000＋尽管在性能上无法对赛扬 420 构成威胁,但与之搭配的昂达 A69T 所集成的 Radeon X1250 图形显示核心显然在 3D 加速能力上更加优秀,同时,SB600 南桥支持多种 RAID 模式,这也是 945GC 所搭配的 ICH7 不具备的,由此可见,如果用户更加注重游戏效果,那么在入门级平台的选择上,AMD 更加具有优势,但如果用户对游戏没有任何需求,同时比较注重功耗的话,那么更适合选择 Intel 入门级平台。

5.2.2　中端实用型配置

1. Intel 平台

Intel 平台中端实用型配置如表 5-3 所示。

表 5-3　Intel 平台中端实用型配置

配件名称	型　号	价格(元)
CPU	Intel 奔腾 E2140(盒)	510
散热器	盒装自带	—
主板	升技 IB9	699
内存	Kingmax 1 GB DDR2 800	330
硬盘	希捷 7200.10 160 GB 8 M SATA	420
显卡	铭鑫 8600GT	699
声卡	主板集成	—
网卡	主板集成	—
显示器	AOC 912Sw	1 480
音箱	漫步者 R201T 北美版	120
光驱	先锋 DVD-227	170
机箱	金河田　飓风 8185	330
电源	金河田　劲霸 ATX-S428	—
鼠标、键盘	优派　极速派对 II	99
合计		4 857

配置说明：

4 800 元可以说是入门级单核独显配置的主流预算,在这个价位上,Intel 的最佳选择是奔腾 E2140 处理器。主板方面,由于 P965 已经跌到一个比较合适的位置,因此我们采用了升技一款做工不错的 P965 来与 CPU 进行搭配。配合 1 GB DDR2 800 内存和频率很高的 8600GT 显卡,整套配置在游戏方面的表现相当不错,19 英寸宽屏液晶显示器也基本上是这个价位的主流选择,它与整个平台的搭配也显得非常和谐。

2. AMD 平台

AMD 平台中端实用型配置如表 5-4 所示。

表 5-4　AMD 平台中端实用型配置

配件名称	型　　号	价格(元)
CPU	AMD Athlon 64 X2 4000+(盒)	490
散热器	盒装自带	—
主板	盈通 A570X	599
内存	Kingmax 1 GB DDR2 800	330
硬盘	希捷 7200.10 160 GB 8 M SATA	420
显卡	七彩虹 镭风 2600XT-GD3 CF 白金版	799
声卡	主板集成	—
网卡	主板集成	—
显示器	GreatWall Z96	1 499
音箱	麦博 M-500	150
光驱	先锋 DVD-227	170
机箱	金河田 飓风 8185	330
电源	金河田 劲霸 ATX-S428	—
鼠标、键盘	技嘉 激光 99 套装	99
合计		4 886

配置说明：

同价位的 AMD 配置,由于与之搭配的主板价格较低,因此我们可以选择比 GeForce 8600GT 更为全面的 HD 2600XT 显卡。配置采用了 Athlon 64 X2 4000+搭配盈通 A570X 主板,配合 1 GB DDR2 800 内存和高频率的 HD 2600XT 显卡,在 3D 游戏性能上表现相当不错,同样,我们这套配置也采用了一款高性价比的 19 英寸宽屏液晶显示器。

5.2.3　高端豪华型配置

1. Intel 平台

Intel 平台高端豪华型配置如表 5-5 所示。

表 5-5　Intel 平台高端豪华型配置

配件名称	型　　号	价格(元)
CPU	Intel Core 2 Duo E6320(盒)	1 280
散热器	盒装自带	—
主板	微星 P35 NEO	999
内存	金邦 1 GB DDR2 800 2 条	350×2

配件名称	型　　号	价格（元）
硬盘	希捷 7200.10 250 GB 8M SATA	490
显卡	影驰 8600GTS 魔魂	1 299
声卡	主板集成	—
网卡	主板集成	—
显示器	美格 WE223D	1 999
音箱	漫步者 R1000TC 北美版	180
光驱	先锋 DVD-227	170
机箱	世纪之星 V1L	450
电源	航嘉 宽幅王 2 代	—
鼠标、键盘	微软 光学极动套装	160
合计		7 727

配置说明：

Intel Core 2 Duo E6320 是组建高性能游戏平台的玩家首选，这款产品采用了性能强大的 Core 架构，其游戏性能在 NetBurst 架构的基础上得到了突飞猛进。微星 P35 NEO 主板是目前一线产品中首先跌破千元的主板，1 333 MHz 前端总线、ICH9 南桥这些配备都是高性能电脑必不可少的。配合高频率的影驰 8600GTS 魔魂显卡，除了直接获得不俗的游戏性能外，在超频上也有很大的潜力，22 英寸宽屏液晶显示器的选择更是满足了部分玩家在高分辨率下运行游戏的需求。

2. AMD 平台

AMD 平台高端豪华型配置如表 5-6 所示。

表 5-6　AMD 平台高端豪华型配置

配件名称	型　　号	价格（元）
CPU	AMD Athlon 64 X2 5600＋（盒）	1 170
散热器	盒装自带	—
主板	华硕 M2N-SLI Deluxe	1 199
内存	金邦 1 GB DDR2 800 2 条	350×2
硬盘	希捷 7200.10 250 GB 8M SATA	490
显卡	影驰 8600GTS 魔魂	1 299
声卡	主板集成	—
网卡	主板集成	—
显示器	美格 WE223D	1 999
音箱	漫步者 R1000TC 北美版	180
光驱	先锋 DVD-227	170
机箱	世纪之星 V1L	450
电源	航嘉 宽幅王 2 代	—
鼠标、键盘	微软 光学极动套装	160
合计		7 817

配置说明：

就这套配置来说，已经没有什么新意，AMD 在高端处理器市场上似乎缺少一些强有力的竞争产品,X2 5600+尽管拥有 2.8 GHz 的主频,但与之前的 X2 5200+相比优势不是十分明显;另一方面,配合同价位的高端主板目前已经非常少见,这对用户的选购造成了一些困难。反观 Intel,P965、P35 主板选择非常丰富,无论是华硕、技嘉还是微星等一线厂商,又或者是升技、映泰等二线厂商,甚至是七彩虹、昂达等通路厂商都有非常丰富的主板供我们选择,就这高端产品线来说,AMD 暂时缺乏竞争力。

总的来说,无论是 Intel 还是 AMD,都有值得我们选购的产品,在高中低端各种产品中,它们都有着各自的特色,或者是平台门槛较低,或者是可选产品丰富,抑或是总体的功耗较低,这些特色都可以成为消费者购买时的选择依据。无论是 Intel 平台还是 AMD 平台,在特定环境中它们都有各自的闪光点,盲目地去批判或贬低某一方是不够理性的,根据自己的用途,针对 Intel 或 AMD 各自的优点进行选购才更加符合 DIY 的精神。

5.3 计算机组装全程图解

下面我们分别以目前流行的 Intel Socket 775 接口和 AMD Socket AM2 接口平台为例,通过详细的操作步骤和大量的图片展示,来详细介绍一台计算机的组装过程及注意事项。

5.3.1 安装 CPU、散热器、内存

1. 安装 Intel CPU 与散热器

(1)安装 CPU

当前市场中,Intel 主流 CPU 主要有 Celeron(赛扬)D、Pentium(奔腾)4、Pentium(奔腾)D、Core 2(酷睿 2)四大系列,其全部采用 LGA 775 接口,如图 5-1 所示,其安装方法完全相同。

图 5-1 LGA 775 接口 CPU 正反面图

图 5-1 中我们可以看到,LGA 775 接口的 Intel CPU 不再使用以往的针脚式设计,全部改用了触点式设计,这种设计最大的优势是不用再去担心针脚折断的问题,但对 CPU 的插座要求则更高。

如图 5-2 所示,这是主板上的 LGA 775 接口 CPU 的插座。大家可以看到,与针管设计的插座区别相当大。在安装 CPU 之前,我们要先打开插座,方法是:用适当的力向下微压固定 CPU

的压杆,同时用力往外推压杆,使其脱离固定卡扣。压杆脱离卡扣后,我们便可以顺利地将压杆拉起,如图 5-3 所示。

图 5-2　LGA 775 接口 CPU 插座　　　　　　　　图 5-3　将 CPU 插座压杆拉起

接下来,我们将固定 CPU 的金属扣盖与压杆反方向掀起。LGA 775 插座展现在我们的眼前,如图 5-4 所示。在安装 CPU 时,需要特别注意,在 CPU 的一角上有一个三角形的标识,对应主板上的 CPU 插座,同样会发现一个三角形的"缺口"标识。在安装时,CPU 上印有三角标识的那个角要与主板上印有三角标识的那个角对齐,然后慢慢地将 CPU 轻压到位,如图 5-5 所示。这不仅适用于 Intel 的 CPU,而且适用于目前所有的 CPU,如果方向不对则无法将 CPU 安装到位,大家在安装时要特别注意。

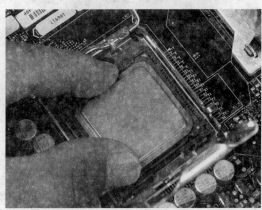

图 5-4　掀起固定 CPU 的金属扣盖　　　　　　　图 5-5　将 CPU 轻压到位

将 CPU 安装到位以后,盖好扣盖,如图 5-6 所示。并反方向微用力扣下 CPU 插座的压杆,如图 5-7 所示。至此 CPU 便被稳稳的安装到主板上,安装过程结束。

(2)安装散热器

我们知道,CPU 发热量是相当惊人的,虽然目前 65 W 的产品已经成为当前主流,但即使这样,其运行时的发热量仍然相当惊人。因此,选择一款散热性能出色的散热器特别关键。如果散热器安装不当,那么散热的效果也会大打折扣。

如图 5-8 所示是 Intel LGA 775 针接口 CPU 的原装散热器,我们可以看到,与之前的 Socket 478 针接口 CPU 的散热器相比,做了很大的改进:由以前的扣具设计改成了如今的四角固定设

图 5-6　盖好扣盖

图 5-7　扣下 CPU 插座的压杆

计,散热效果也得到了很大的提高。安装散热器前,我们先要在 CPU 表面均匀地涂上一层导热硅脂(很多散热器,尤其是原装散热器,在购买时已经在底部与 CPU 接触的部分涂上了导热硅脂,如图 5-9 所示。这时就没有必要再在 CPU 上涂上一层导热硅脂了)。

图 5-8　LGA 775 接口 CPU 原装散热器

图 5-9　涂有导热硅脂的 CPU 原装散热器

　　安装时,将散热器的四角对准主板相应的位置,然后用力压下四角扣具即可,如图 5-10 所示。有些散热器采用了螺丝设计,因此散热器会提供相应的垫角,我们只需要将四颗螺丝受力均衡即可。由于安装方法比较简单,这里不再过多介绍。

　　固定好散热器后,我们还要将散热风扇接到主板的供电接口上。找到主板上安装风扇的接口(主板上的标识字符一般为 CPU_FAN),将风扇插头插上即可,如图 5-11 所示(注意:目前 CPU 的风扇接口均采用了四针设计,与以前三针风扇接口相比明显多出一针,这是因为主板提供了 CPU 温度监测功能,风扇可以根据 CPU 的温度自动调整转速)。由于主板的风扇电源插头都采用了防呆式的设计,反方向无法插入,因此安装起来相当方便。

　　另外,主板上还有一些 CHA_FAN 的插座,这些都是用来给散热器供电的,大家如果添加了额外的散热器,可以通过这些接口来为风扇供电。

　　2.安装 AMD CPU 与散热器

　　(1)安装 CPU

　　由于 AMD CPU 与 Intel CPU 的接口不同,因此在安装时也有所不同,但差别并不太大。在

图 5-10　安装散热器

图 5-11　安装散热器风扇电源

此我们顺便将 AMD CPU 的安装方法向大家做一下介绍。

目前,市场上主流的 AMD CPU 主要有 Sempron(闪龙)、Athlon(速龙)64、Athlon 64 X2、Athlon 64 FX 系列,均采用 Socket AM2 接口。AMD AM2 接口 CPU 与前期的产品一样,同样采用针脚式设计,共有 940 针,如图 5-12 所示,这也是与 Intel LGA 775 CPU 触点式接口最大的区别。

图 5-12　AMD AM2 接口 CPU 正反面图

安装时,我们首先将 CPU 插座上的拉杆提起,方法同前,如图 5-13 所示。接着将 CPU 上印有三角标志的一端与 CPU 插座上印有三角标志的一端对齐,即可以将 CPU 与插座固定好,如图 5-14 所示。

确认 CPU 与插座紧密结合后,我们再反方向将拉杆扣死,如图 5-15 所示,即完成了 CPU 与插座的安装过程。

(2)安装散热器

如图 5-16 所示为 AMD AM2 CPU 原装散热器。安装散热器的过程与 Intel CPU 散热器完全不同。在安装散热器之前,我们同样需要往 CPU 上均匀地涂上一层导热硅脂,以保证 CPU 与散热器的良好结合,更有利于 CPU 的散热。由于盒装的 AMD AM2 CPU 在散热器的底部已经涂上了导热硅脂,因此这里我们就不需要再在 CPU 表面涂抹,只需要将散热器底部用来保护硅脂的塑料盒拿去即可。

图 5-13　将 CPU 插座上的拉杆提起

图 5-14　CPU 及 CPU 插座上的三角标志

图 5-15　将 CPU 插座拉杆扣死

图 5-16　AMD AM2 CPU 原装散热器

我们先将散热器上没有扳手的一端与主板 CPU 插座支架上的卡扣对齐并卡好,如图 5-17 所示。用同样的方法,将另一端散热器与主板 CPU 插座支架上的卡扣卡好,如图 5-18 所示。这样散热器就被固定在主板的 CPU 插座支架上了。

图 5-17　扣好散热器上没有扳手的一端

图 5-18　扣好散热器上有扳手的一端

为了使其更加牢固,散热器上还提供有卡死的扳手。我们按照正确的方向,将扳手扳到位,如图 5-19 所示,便可将散热器牢牢地固定在主板的 CPU 插座支架上。

最后,只需要将散热器上的散热风扇插头正确安装到主板提供的接口上即可,如图5-20所示。在图中我们可以看到,主板上安装散热器的接口提供了4针,而散热风扇的接口仅为三针,不过这样的接口同样适用于主板上的四针接口,安装上同样采用防呆式的设计,一目了然。

图 5-19　将散热器扳手扳到位

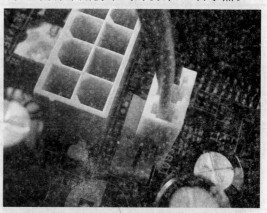

图 5-20　安装散热器风扇电源

3. 安装内存条

在内存成为影响系统整体性能的最大瓶颈时,双通道的内存设计大大解决了这一问题。目前大部分主板均提供双通道功能,因此建议大家在选购内存时尽量选择两根同规格的内存来搭建双通道。

主板上的内存插槽一般都采用两种不同的颜色来区分双通道与单通道,如图5-21所示。将两条规格相同的内存条插入相同颜色的内存插槽中,即打开了双通道功能,以提高系统性能。

安装内存时,先用手将内存插槽两端的扣具打开,然后将内存平行放入内存插槽中(内存插槽也使用了防呆式设计,反方向无法插入,大家在安装时可以对应一下内存与插槽上的缺口),用两拇指按住内存两端轻微向下压,听到"啪"的一声响后,并且内存插槽两端的扣具扣住内存两端缺口,如图5-22所示,即说明内存安装到位。

图 5-21　用不同颜色标识的双通道内存插槽

图 5-22　安装内存条

5.3.2　安装机箱连线

很多人习惯最后安装机箱连线,殊不知这样做是非常麻烦的。因为主板上连接机箱连线的接口一般都位于主板边缘,且靠近机箱面板,一旦主板安装到机箱中,连线时的操作空间就非常有限了。因此,最好在主板安装到机箱中以前安装机箱连线。

1.连接主板上的扩展前置 USB 接口

目前,USB 成为日常使用范围最多的接口,大部分主板提供了高达 8 个 USB 接口,但一般在背部的面板中仅提供四个,剩余的四个需要我们安装到机箱前置的 USB 接口上,以方便使用。

主板上一般有两组 USB 接口,如图 5-23 所示,每一组可以外接两个 USB 接口,总共可以在机箱的前面板上扩展四个 USB 接口(当然需要机箱的支持,一般情况下机箱仅提供一组前置的 USB 接口,因此我们只要接好一组即可)。如图 5-24 所示是机箱前面板前置 USB 的连接线,其中 VCC 用来供电,USB2+与 USB2-分别是 USB 的正负极接口,GND 为接地线。在连接 USB 接口时大家一定要参见主板的说明书,仔细对照,如果连接不当,很容易造成主板的烧毁。

图 5-23　主板上的两组 USB 接口　　　　　图 5-24　机箱前面板前置 USB 连接线

为方便用户的安装,很多主板的 USB 接口的设置相当人性化,USB 接口有些类似于 PATA 接口的设计,采用了防呆式的设计方法,只有按正确的方向才能够插入 USB 接口。这大大地提高了工作效率,如图 5-25 所示,同时也避免了因接法不正确而烧毁主板的现象。

如图 5-26 所示是主板与 USB 连接线连接好后的情况。

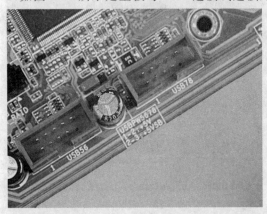 

图 5-25　防呆式设计的 USB 接口　　　　　图 5-26　将 USB 连接线连接到主板上

2.连接主板上的扩展前置音频接口

如今的主板上均提供了集成的音频芯片,并且性能上完全能够满足绝大部分用户的需求,因

此没有再去单独购买声卡的必要。为了方便用户的使用,目前大部分机箱除了具备前置的 USB
接口外,音频接口也被移植到了机箱的前面板上,为使机箱前面板上的耳机和话筒能够正常使
用,我们还应该将前置的音频线与主板进行正确连接。

扩展的音频接口如图 5-27 所示。其中 AAFP 为符合 AC'97 音效的前置音频接口,ADH 为
符合 ADA 音效的扩展音频接口,SPDIF_OUT 是同轴音频接口,这里,我们重点介绍一下前置
音频接口的安装方法。

如图 5-28 所示为机箱前置音频插孔的连接线,其中 MIC 为前置的话筒接口,对应主板上的
MIC,HPOUT-L 为左声道输出,对应主板上的 HP-L 或 Line out-L(视采用的音频规范不同,如
采用的是 ADA 音效规范,则连接 HP-L,下同),HPOUT-R 为右声道输出,对应主板上的 HP-R
或 Line out-R,按照分别对应的接口依次接入即可,如图 5-29 所示。

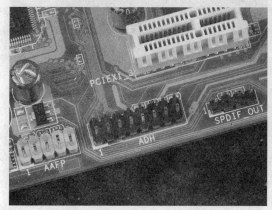

图 5-27　主板上扩展的音频接口

图 5-28　机箱前置音频连接线

另外,在主板上我们还会发现有一个四针的 CD 音频接口,如图 5-30 所示,它对应的是光驱
背部的音频接口。在某些支持不开机听音乐的电脑中,我们用音频线连接后即可以利用光驱的
前面板上的耳机来听音乐,不过目前这一功能并不常用,大部分机器并不支持这一功能,因此可
以不用连接。

图 5-29　将机箱前置音频线与主板相连

图 5-30　主板上四针的 CD 音频接口

3.安装主板上的机箱电源开关、重启按钮、前置报警喇叭、各种指示灯

连接机箱上的电源开关、重启按钮、前置报警喇叭及各种指示灯等是组装计算机的重要环

节,下面我们就详细介绍一下。

图 5-31 与图 5-32 是机箱中电源开关、重启按钮、硬盘指示灯和机箱前置报警喇叭的连线和主板上的对应接口。其中 POWER SW 是电源按钮接口,对应主板上的 PWR SW 接口;RESET 为重启按钮接口,对应主板上的 RESET 接口;HDD LED 为机箱面板上硬盘工作指示灯,对应主板上的 HDD LED 接口;POWER LED 为电脑工作的指示灯,对应主板上的 PLED 接口。SPEAKER 为机箱的前置报警喇叭接口,我们可以看到的是四针的结构,其中红色的那条线为+5 V供电线,与主板上的+5 V 接口相对应,其他的三针也就很容易插入了。需要注意的是,硬盘工作指示灯与电源指示灯分为正负极,在安装时需要注意,一般情况下红色代表正极,如果不确认,在安装时可以查看背部的“+/-”极标识。

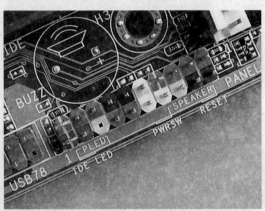

图 5-31　机箱中电源开关等各种连线　　　　图 5-32　主板上对应各种机箱连线的接口

清楚了机箱中各种连线和主板上对应接口的关系后,正确插入即可,如图 5-33 所示,同时也可参照图 5-34 所示的连接示意图。

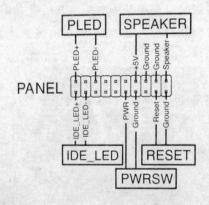

图 5-33　连接机箱连线　　　　　　　　图 5-34　各种机箱连线与主板连接示意图

5.3.3　安装主板及各种板卡

1.安装主板

目前,大部分主板板型为 ATX 或 Micro-ATX 结构,因此机箱的设计一般都符合这种标准。在安装主板之前,先将机箱提供的主板垫脚螺母(铜柱螺丝)安放到机箱主板托架的对应位置(有些机箱购买时就已经安装)。双手平行托住主板,将主板放入机箱中,如图 5-35 所示。

　　主板安放是否到位,可以通过机箱背部的主板挡板来确定,如图 5-36 所示(注意,不同的主板的背部 I/O 接口是不同的,在主板的包装中均提供一块背挡板,因此我们在安装主板之前先要将提供的背挡板安装到机箱上)。

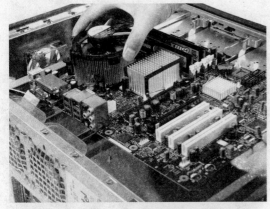

图 5-35　主板放入机箱中示意图

图 5-36　主板安放到位示意图

　　拧紧螺丝,固定好主板(在安装螺丝时,注意每颗螺丝不要一次性拧紧,等全部螺丝安装到位后,再将每粒螺丝拧紧,这样做的好处是随时可以对主板的位置进行调整)。

　　2. 熟悉跳线、DIP 开关

　　一般而言,主板上有很多跳线或者 DIP 开关,用以设置各种参数。特别是以往的一些老式主板,跳线与 DIP 开关比比皆是。不过,目前功能越来越强大的 BIOS 已经在很大程度上取代了跳线与 DIP 开关,但是部分重要的参数还是需要使用跳线与 DIP 开关设定。

　　DIP 开关是采用上下拨动的方式,在 ON 与 OFF 之间切换的。通过多个 DIP 开关可以组成各种功能设定值,如图 5-37 所示,主板说明书上会列出详细的参考值,大家只需要用手指轻轻地拨动即可,非常方便。

　　一般而言,跳线有 2PIN 和 3PIN 之分。2PIN 采用闭合或者打开来设定,而 3PIN 的采用1-2(连接 1 号位与 2 号位插针)与 2-3(连接 2 号位与 3 号位插针)来设定,如图 5-38 所示。部分主板甚至还采用 4PIN 跳线,拥有三种组合。

图 5-37　DIP 开关

图 5-38　3PIN 跳线

事实上,跳线的使用不如 DIP 开关那样简单直观,需要一个跳线帽来设定,但是它能够演变出更多的组合值,而且成本低、故障率低,因此广为采用。

关于 DIP 开关与跳线的具体设定值,每一款主板都不相同,大家一定要仔细阅读主板说明书,或者参考主板 PCB 上的印刷电路图。

3.安装显卡

目前,PCI-E 显卡已经是市场上的主力军,AGP 显卡基本上见不到了,因此在选择显卡时 PCI-E 绝对是必选产品。

主板上的扩展插槽,其中黑色的为 PCI-E 插槽,如图 5-39 所示,用来安装 PCI-E 显卡,PCI-E 显卡接口,如图 5-40 所示。

图 5-39　主板上的 PCI-E 插槽

图 5-40　PCI-E 显卡接口

在较早芯片组的主板上,由于不支持 PCI-E,因此还是传统的 AGP 8X 显卡接口,如图 5-41 所示棕色的插槽即为 AGP 插槽,其余的为白色 PCI 插槽,用来扩展 PCI 设备。

安装时用手轻握显卡两端,垂直对准主板上的显卡插槽,向下轻压到位后,再用螺丝固定即完成了显卡的安装过程,如图 5-42 所示。

图 5-41　主板上的 AGP 插槽

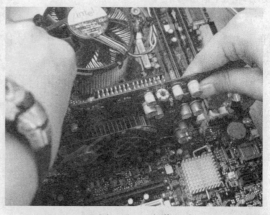

图 5-42　安装显卡

此外,如果还有独立的声卡、网卡等其他板卡需要安装,方法与安装显卡类似,在此不再详述。

5.3.4 安装硬盘、光驱、软驱

1. 安装硬盘

对于普通的机箱,我们只需要将硬盘放入机箱的 3.5 寸硬盘托架上,拧紧螺丝使其固定即可,如图 5-43 所示。很多用户使用了可拆卸的 3.5 寸机箱托架,这样安装起硬盘来就更加简单。

2. 安装光驱

安装光驱的方法与安装硬盘的方法大致相同,对于普通的机箱,我们只需要将机箱 5.25 寸的托架前的面板拆除,并将光驱放入对应的位置,拧紧螺丝即可。但还有一种抽拉式设计的光驱托架,安装起来简单方便,如图 5-44 所示。

图 5-43 安装硬盘

图 5-44 安装光驱

接着来安装软驱,将软驱由里向外推入机箱为软驱预留的软驱固定架内。将四颗细牙螺丝都轻轻拧上。调整软驱的位置,使它与机箱面板对齐,拧紧螺丝即可。

5.3.5 安装电源、数据线

1. 安装电源

很多机箱在出厂时就已安装有电源,不需用户自行安装。即便是独立的电源,如图 5-45 所示,安装方法也比较简单,电源放入到位后,拧紧螺丝即可,如图 5-46 所示,这里不做过多的介绍。

图 5-45 机箱电源

图 5-46 安装机箱电源

2.安装主板电源

在机箱电源的输出接口中,我们可以看到有一个最大的接口,这就是电源上为主板供电的接口,如图5-47所示。对应在主板上,我们可以看到一个长方形的插槽,这个插槽就是主板上供电的接口,如图5-48所示。目前主板供电的接口主要有24 PIN与20 PIN两种,在中高端的主板上,一般都采用24 PIN的主板供电接口设计,低端的产品一般为20 PIN,大家在购买主板时要重点看一下,以便购买适合的电源。不论采用24 PIN和20 PIN,其插法都是一样的。

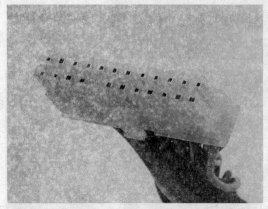

图5-47　电源上为主板供电的24PIN接口　　　　图5-48　主板上24PIN的供电接口

为主板供电的接口采用了防呆式的设计,只有按正确的方法才能够插入。通过仔细观察也会发现在主板供电的接口上的一面有一个凸起的槽,而在电源的供电接口上的一面也采用了卡扣式的设计,这样设计的好处一是为防止用户反插,二是可以使两个接口更加牢固地安装在一起,如图5-49所示。

图5-49　安装好的主板电源

3.安装CPU供电接口

为了给CPU提供更强、更稳定的电压,目前主板上均提供一个给CPU单独供电的接口,如图5-50所示(有4针、6针和8针三种),同时我们在机箱电源的输出接口上也能找到对应的接口,如图5-51所示。

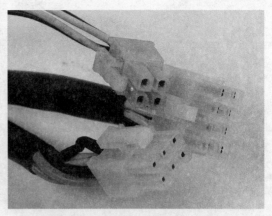

图 5-50　主板上给 CPU 单独供电的接口　　　　图 5-51　电源上给 CPU 供电的接口

安装的方法也相当的简单,接口与给主板供电的插槽相同,同样使用了防呆式的设计。

4. 安装硬盘电源与数据线

目前大部分的硬盘都采用了 SATA 串口设计,SATA 串口由于具备更高的传输速度而逐渐替代 PATA 并口成为当前的主流,由于 SATA 的数据线设计更加合理,给安装提供了更多的方便。

图 5-52 所示便是主板上提供的 SATA 接口,仔细观察会发现,两块主板上的 SATA 接口"模样"不太相同,在图 5-53 中,SATA 接口的四周设计了一圈保护层,这对接口起到了很好的保护作用,在一些大品牌的主板上一般会采用这样的设计。

图 5-52　SATA 接口　　　　　　　　　　图 5-53　带保护圈的 SATA 接口

另外需要说明的是,SATA 硬盘的供电接口也与普通的四针梯形供电接口有所不同,如图 5-54 所示,但也采用了防呆式设计,安装时将其插入即可。如图 5-55 所示为 SATA 硬盘的数据线。

SATA 硬盘数据线接口的安装也相当简单,同样采用防呆式的设计,方向反了根本无法插入,如图 5-56 所示为接好电源与数据线后的 SATA 硬盘。

5. 安装光驱电源与数据线

PATA 并口(俗称 IDE 接口)目前并没有在主板上消失,即便是在不支持并口的 Intel 965 芯片组中,主板厂家也额外提供一块芯片来支持 PATA 并口,这是因为目前的大部分光驱依旧采用 PATA 接口。PATA 并口相信大家比较熟悉了,如图 5-57 与图 5-58 所示即为常见的主板上 IDE 插槽与 IDE 数据线。

图 5-54　SATA 硬盘的电源供电接口

图 5-55　SATA 硬盘的数据线

图 5-56　接好电源与数据线的 SATA 硬盘

图 5-57　主板上的 IDE 插槽

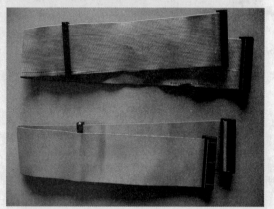
图 5-58　IDE 数据线

　　安装方法也很简单,图 5-57 中 PATA 接口外侧中部有一个缺口,同样在 IDE 数据线上一侧的中部有一个凸出来的部分,这两部分正确结合后才能顺利插入,方向反了也无法安装,同样是防呆式的设计。安装数据线时可以看到 IDE 数据线的一侧有一条蓝或红色的线,一般让这条线位于电源接口一侧就行了。

光驱电源的安装也比较简单,把机箱电源提供的普通 4 针梯形供电接口,如图 5-59 所示对准方向插入即可,也是防呆式的设计,方向反了无法安装,安装好后如图 5-60 所示。

　　　图 5-59　电源上普通的四针梯形供电接口　　　　　图 5-60　已安装电源与数据线的光驱

接着安装主板上的 IDE 数据线,对准方向插入即可,如图 5-61 所示。

在一些主板上还会看到一个如图 5-62 所示的接口,与并口 PATA 接口相似,但略短,这便是软驱的数据线接口,虽然目前软驱已没有多少人使用,但在某些主板上依旧能够见到。软驱只需要接上如图 5-63 所示的电源线和图 5-64 所示的数据线即可,注意软驱的电源线接头较小。

 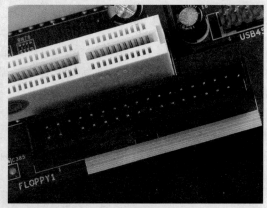

　　　图 5-61　安装主板上的 IDE 数据线　　　　　　图 5-62　主板上软驱的数据线接口

 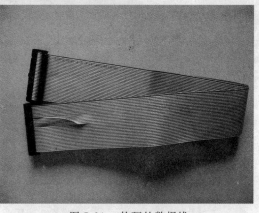

　　　　图 5-63　软驱的电源线接头　　　　　　　　　图 5-64　软驱的数据线

6.其他接口安装方法简单介绍

新的主板芯片组背部不提供 COM 接口,因此在主板上内建了 COM 插槽,如图 5-65 所示,可以通过扩展实现对 COM 的支持,方便老用户使用。

图 5-66 中两个(一白一黑)接口为 IEEE 1394 扩展接口,通过 IEEE 1394 扩展卡来增加 IEEE 1394 接口的数量。

图 5-65　主板上的 COM 插槽　　　　　　图 5-66　主板上的 IEEE 1394 接口

最后,对机箱内的各种线缆进行整理,以提供良好的散热空间,这一点一定要注意。

5.3.6　安装其他外部设备

很多初学者在组装电脑的过程中,面对机箱背部的各种接口会感到不知所措。其实要连接这些接口一点都不难,因为目前新的电脑配件都会遵循由 Microsoft 和 Intel 共同制定出的 PC'99 规范。根据 PC'99 规范的要求,外设产品的信号线应由不同颜色进行区分,电脑主机的接口也同样由相应的颜色来对应,确保电脑系统及其设备易于安装、配置、维护。这样,在连接各种设备时,只要将颜色相同的接口线和接口相连就可以了。比如传统的 15 针显示器接口采用了蓝色,而显示器的数据线接头也采用了蓝色,只要将两种颜色一致的接口与数据线相连接就不会出现误插现象了。下面介绍一下机箱背面板上一些主要的接口,如图 5-67 与图 5-68 所示。

图 5-67　主板背部常见接口

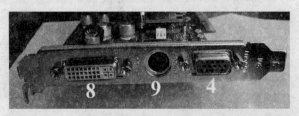

图 5-68　显卡背部常见接口

1. 键盘、鼠标接口

图 5-67 中"1"号位置为 PS/2 键盘、鼠标接口，PS/2 是一种古老的接口，广泛用于键盘和鼠标的连接。现在的 PS/2 接口一般都带有颜色标识，紫色用于连接键盘，绿色用于连接鼠标。有些主板上的 PS/2 接口可能没有颜色标识，别担心，插错接口并不会损坏设备，只是此时键盘、鼠标将无法工作，电脑也可能无法启动，很简单，将键盘、鼠标对调一下接口就行了。

2. 串口

图 5-67 中"2"号位置为 COM 端口，也称为串口。它是一个 9 针 RS-232 接口。它的数据传输方式采用串行传输，串口的最大传输速率为 14.3 KB/s，通常用于连接传输速率较低的设备，如鼠标（早期）、外置 MODEM、老式的数码相机、手写板等。有些老式主板上提供两个串口（9 针、25 针），而新主板一般是提供两个 9 针的串口。

3. 并口

图 5-67 中"3"号位置为并口，并口是计算机一个相当重要的外部设备接口，常用来连接打印机，另外，有许多型号的扫描仪也是通过并口来与计算机连接的。并口是一个 25 针的 DB-25 接口，它的传输速率高于串口。目前我们所使用的并口都支持 EPP（增强型并口）和 ECP（扩展功能端口）这两个标准，EPP 标准主要用于并口存储设备，如光驱、磁带机和一些外部硬盘（也用于电缆直接连接的 PC 到 PC 的通信）。ECP 标准主要用于目前的打印机和扫描仪。EPP 和 ECP 数据传输模式都比原来的标准快了约 8 倍（1 MB/s 以上），而且我们可以在 CMOS 当中自己设置并口的工作模式。

4. VGA 接口

图 5-67、5-68 中"4"号位置为显卡或集成主板上的 VGA 显示接口，它是一种 15 针的 D-Sub 接口，属于模拟接口，主要用于连接 CRT 显示器。

5. USB 接口

图 5-67 中"5"号位置为通用的 USB 接口。USB 接口可以连接键盘、鼠标、外置 MODEM、打印机、扫描仪、光存储器、游戏杆、数码相机、MP3 播放器、数字音箱等，可以说几乎所有的外设都可以用 USB 连接起来。

6. 网卡接口

图 5-67 中"6"号位置为主板集成网卡的接口，也称 RJ-45 接口，用于 LAN 和 ISDN 等有线网络，主要使用我们都很熟悉的双绞线进行互连。现在，千兆以太网正在逐步取代百兆以太网。

7. 音频接口

图 5-67 中"7"号位置为音频接口，其中浅蓝色接口为 Speaker 接口，提供双声道音频输出，可以接在喇叭或其他放音设备的 Line In 接口中。粉红色为 Mic 接口，连接麦克风。而浅绿色接口为 Line In 音频输入接口，通常另一端连接外部声音设备的 Line Out 端。

8. DVI 接口

图 5-68 中"8"号位置为 DVI 接口，DVI 是一种主要针对数字信号的显示接口，这种接口无需将显卡产生的数字信号转换成有损模拟信号，然后再在数字显示设备上进行相反的操作。数字信号的优点还包括允许显示设备负责图像定位以及信号同步工作。DVI 属于数字接口，主要用于连接 LCD 显示器。

9.S 端子接口

图 5-68 中"9"号位置为显卡上的 S 端子接口，主要用于连接电视机等视频设备。

根据不同的电脑配置，可能还会出现 IEEE 1394（FireWire，火线）接口、红外线（IrDA）接口、SCSI 接口、SPDIF 接口、Video 端子接口、HDMI 接口等，这里就不多作介绍了。

通过以上步骤，一台电脑就成功组装完成了，最后接上主机、显示器及音箱电源即可。

5.4　实　　训

亲自动手拆装一台微型计算机

【目的与要求】

1. 了解一台微型计算机的配件组成；
2. 掌握组装一台微型计算机的方法与步骤。

【实训内容】

1. 打开一台已经组装好的微型计算机，重点了解内部各配件的连接。
2. 把各配件拆下来按顺序放好。
3. 按正确的方法与步骤重新组装好。
4. 有条件的用户可以亲自为自己或他人组装一台微型计算机。

5.5　习　　题

1. 在组装微机时有哪些注意事项？
2. 主机箱中有哪些常见的配件？
3. 在组装微机时的常用工具有哪些？最主要的一个工具是哪个？
4. 请写出 2 份装机配置单，分别是：暑假学生配置（3 000～4 000 元），游戏、图像处理专业配置（万元以下），并对每一配置作不少于 200 字的说明。

第 6 章　BIOS 设置

【学习要点】　计算机启动过程;BIOS 提示信息及自检铃声;调整 BIOS 常用参数;升级 BIOS。

　　用户在使用计算机的过程中,都会接触到 BIOS,它在计算机系统中起着非常重要的作用。在主板、显卡、网卡等部件上都有自己的 BIOS 芯片,本章我们将介绍主板的 BIOS。

6.1　BIOS 基础知识

　　BIOS(Basic Input/Output System,基本输入/输出系统)为计算机提供最基本、最直接的硬件控制,计算机的原始操作都是依照固化在 BIOS 里的内容完成的。它是介于计算机硬件与软件之间的一个"翻译官",实现按照软件对硬件的要求指挥硬件的具体操作,并将硬件的操作结果传给软件。

6.1.1　BIOS 与 CMOS

1.认识 BIOS

　　BIOS 程序与其他程序不同,它存储在 BIOS ROM 芯片中,而不是存储在磁盘中。由于它属于主板的一部分,人们有时就称呼它为一个既不同于软件也不同于硬件的名字"Firmware(固件)"。BIOS程序在主板出厂前被固化到 ROM 芯片中,这样的芯片人们又把它叫做"BIOS ROM 芯片"或"BIOS芯片"。　BIOS ROM 芯片在主板上比较容易识别,在它表面的标签上往往印有"BIOS"字样或 BIOS 厂商的名称。

　　由于主板生产厂家及主板生产时间不同,采用的 BIOS ROM 也不同。早期主板的 BIOS 芯片采用的是 ROM,其存储内容在生产过程中被固化,并且永远不能修改。后来采用一种可重复写入的 ROM 来存储系统 BIOS,这就是 EPROM(Erasable Programmable ROM,可擦除可编程 ROM),芯片可重复擦除和写入,但需要借助于专用的 EPROM 擦除器和编程器来进行擦除与写入程序,在使用时既费时又不方便。鉴于 EPROM 操作的不便,现在主板上的 BIOS ROM 芯片大部分都采用 Flash ROM （快闪 ROM）,它是一种可快速读写的 EEPROM(Electrically Erasable Programmable ROM,电可擦除可编程 ROM)。通过设置这种芯片的电压,在高电压下只需用厂商提供的专用刷新程序就可以轻而易举地改写内容,但在低电压下只能进行读出操作。

　　早期的 BIOS 芯片大多采用 DIP(双列直插)形式的封装,如图 6-1 所示,随着半导体封装技术的发展,SOJ、TSOP、PSOP、PLCC 等多种封装形式相继出台。目前台式机主板上的 BIOS 大多是 DIP 封装,有的为节省空间,采用了 PLCC 形式的封装,如图 6-2 所示。笔记本电脑上的 BIOS 大多采用 SOJ 封装。为了方便更换 BIOS 芯片,现在的主板上大都安装有插座,使用工具可以取下,更换 BIOS 芯片。

　　虽然不同主板的 BIOS 芯片有相同或相似的外观,但它们内部存储的 BIOS 程序却不相同,也就是说不同主板的 BIOS 是不能通用的。

图 6-1　DIP 封装 BIOS ROM 芯片

图 6-2　PLCC 封装 BIOS ROM 芯片

BIOS 是计算机启动和操作的基石,一块主板或者说一台计算机性能优越与否,从很大程度上取决于主板上的 BIOS 管理功能是否先进。

2. BIOS 与 CMOS

BIOS 是一组指挥硬件如何工作的程序,保存在主板的一块 ROM 芯片中。而 CMOS(Complementary Metal Oxide Semiconductor)是互补金属氧化物半导体的简称。其本意是指制造大规模集成电路芯片用的一种技术或用这种技术制造出来的芯片。在这里通常是指电脑主板上的一块可读写的 RAM 芯片。它存储了微机系统的时钟信息和硬件配置信息等,共计 128 字节。系统在加电引导机器时,要读取 CMOS 信息,用来初始化机器各个部件的状态。它靠系统电源和主板上的后备电池来供电,系统断电后其信息不会丢失。CMOS 芯片只具有保存数据的功能,而对 CMOS 中各项参数的修改要通过 BIOS 的设置程序来实现。

在主板出厂前,它的 BIOS ROM 芯片中已经写入了与其配套的 BIOS 程序,在这个 BIOS 程序中包含有一个程序,被称为“BIOS Setup”程序。如果 CMOS 中计算机的配置信息不正确,会导致系统性能降低、部件不能识别,并由此引发系统的其他软硬件故障。通过 BIOS Setup 程序可以调整 CMOS 中保存的不同部件的工作参数。一般在开机时按下一个或一组按键即可进入 BIOS Setup 程序,并通过它的程序界面调整 CMOS 参数。这个设置 CMOS 参数的过程,习惯上也称为“BIOS 设置”或“CMOS 设置”。

6.1.2　常见 BIOS 提示信息及报警声的含义

1. BIOS 的主要作用

BIOS 的主要作用有以下三点:

(1)自检及初始化

开机后,BIOS 最先被启动,然后它会对电脑的硬件设备进行完全彻底的检验和测试。自检中如发现有错误,将按两种情况处理:对于严重故障(致命性故障)则停机,此时由于各种初始化操作还没有完成,不能给出任何提示或信号;对于非严重故障则给出提示或声音报警信号(自检响铃代码的含义见下文),等待用户处理。如果未发现问题,则将硬件设置为备用状态,然后启动操作系统,把对电脑的控制权交给用户。

(2)程序服务

BIOS 直接与计算机的 I/O(Input/Output,输入/输出)设备打交道,通过特定的数据端口发出命令,传送或接收各种外部设备的数据,实现软件程序对硬件的直接操作。

(3)设定中断

开机时,BIOS 会告诉 CPU 各硬件设备的中断号,当用户发出使用某个设备的指令后,CPU 就根据中断号使用相应的硬件完成工作,再根据中断号跳回原来的工作。

2. 硬件系统的启动过程

当用户按下计算机的电源开关后,计算机的启动过程便开始了。这个过程实际是执行 BIOS 中自检及初始化程序的过程。接通计算机的电源后,系统将执行一个自我检查的例行程序,这是 BIOS 功能的一部分,通常称为 POST(Power On Self Test,加电自检)。完整的 POST 自检包括对 CPU、系统主板、基本的 640 KB 内存、1 MB 以上的扩展内存、系统 ROM BIOS 的测试;CMOS 中系统配置的校验;初始化视频控制器,测试视频内存、检验视频信号和同步信号,对视频接口进行测试;对键盘、软驱、硬盘及 CD-ROM 子系统作检查;对并行口和串行口进行检查。在完成 POST 自检后,ROM BIOS 将按照系统 CMOS 设置中的启动顺序搜寻软、硬盘驱动器及 CD-ROM、网络服务器等有效的启动驱动器,读入操作系统引导记录,然后将系统控制权交给引导记录,由引导记录完成操作系统的启动。

3. 启动过程中的提示信息及处理

计算机在硬件正常启动的过程中,会在计算机屏幕上显示提示信息,通过读这些信息可以了解计算机硬件的配置情况,这里不进行介绍。我们着重将系统启动时给出的一些屏幕提示信息进行总结,有些信息对于解决常见的启动故障很有帮助。

(1)BIOS ROM checksum error-system halted

翻译:BIOS 信息检查时发现错误,无法开机。

解释:通常是因为 BIOS 信息刷新不完全所造成的。

(2)CMOS battery failed

翻译:CMOS 电池失效。

解释:这表示 CMOS 电池的电力已经不足,需更换电池。

(3)CMOS checksum error-defaults loaded

翻译:CMOS 信息检查时发现错误,恢复到出厂默认状态。

解释:通常发生这种状况都是因为供电电池电力不足所造成,因此建议先换电池看看。如果此情形依然存在,那就有可能是 CMOS RAM 有问题,个人是无法维修的,所以建议送回原厂处理。

(4)Press ESC to skip memory test

翻译:在内存测试中,可按下 Esc 键略过。

解释:如果你在 CMOS 参数中没有设定快速测试的话,那么开机就会执行电脑部件的测试,如果你不想等待,可按 Esc 键略过或将 CMOS 中的"Quick Power On Self Test"项设为"Enabled"状态。

(5)Hard disk install failure

翻译:硬盘安装失败。

解释:遇到这种情况,先检查硬盘的电源线、硬盘数据线是否安装妥当或者 PATA 硬盘跳线是否设错。

(6)Keyboard error or no keyboard present

翻译:键盘错误或者未接键盘。

解释:检查键盘与主板接口是否接好,如果键盘已经接好,那么就有可能是接口坏了或键盘坏了。

(7)Memory write/read failure

翻译:内存读写失败。

解释:通常表示内存损坏,只能更换内存。

(8)Floppy disk(s) fail(80/40)

翻译:软驱错误。

解释:先检查软驱数据线有没有接错或松脱,电源线有没有接好,如果这些都没问题,那可能就是软驱的故障。

(9)Memory test fail

翻译:内存测试失败。

解释:发生这种情形大概是因内存不兼容或故障所导致,可每次开机只安装一条内存的方式逐条测试,找出故障的内存,把它去掉或送修即可。

(10)Press TAB to show POST screen

翻译:按 TAB 键可以切换屏幕显示。

解释:有一些 OEM 厂商会以自己设计的显示画面来取代 BIOS 预设的开机显示画面,用户可按 TAB 键取消厂商的自定画面而显示 POST 画面。

4.启动过程中提示音的含义

以目前市场上较常见的采用 AMI BIOS 和新版 Award BIOS(又称 Phoenix-Award BIOS)的电脑为例,介绍开机自检响铃代码的具体含义(关于电脑使用的 BIOS 型号可从 BIOS 芯片上或者从开机自检的信息中或进入 BIOS 设置界面中看到,如看到"AMI"字样,则为 AMI BIOS;如看到"phoenix-Award BIOS"字样则为新版 Award BIOS)。如表 6-1、表 6-2 所示。

表 6-1　Phoenix-Award BIOS 自检响铃含义

报警方式	故障含义
1 短	系统正常启动
2 短	常规错误,请重新设置不正确的选项
1 长 1 短	RAM 或主板出错
1 长 2 短	显示器或显卡错误
1 长 3 短	键盘控制器错误
1 长 9 短	BIOS 损坏
不断地响(长声)	内存条未插紧或损坏
不停地响	电源、显示器未和显示卡连接好
重复短响	电源有问题
无声音无显示	电源有问题

表 6-2　AMI BIOS 自检响铃含义

报警方式	故障含义
1 短	内存刷新失败
2 短	内存 ECC 校验错误
3 短	系统基本内存(第 1 个 64 KB)检查失败
4 短	系统时钟出错
5 短	CPU 错误
6 短	键盘控制器错误
7 短	系统实模式错误,不能切换到保护模式
8 短	显示内存错误
9 短	ROM BIOS 检验和错误
1 长 3 短	内存错误
1 长 8 短	显示测试错误

6.2　常用 BIOS 设置

当组装完一台计算机后,几乎不需要对 BIOS 进行设置,BIOS 程序会自动检测并设置硬件参数。但有时候,有些计算机在使用过程中常会碰到很多奇怪的问题,诸如操作系统安装一半死机或使用中经常死机,硬件发生冲突,不能识别 CD-ROM、硬盘等。这往往是由于主板的 BIOS 无法识别某些新硬件、参数设置错误、对现行操作系统的支持不够完善等原因造成的。只有重新设置BIOS或者对 BIOS 进行升级才能解决问题。另外,如果想提高启动速度、调整启动顺序等,也需要对BIOS进行一些设置才能达到目的。

6.2.1　BIOS 设置程序的进入方法

进入 BIOS 设置程序通常有以下三种方法:

1.通过开机热键进入

不同厂商的 BIOS 设置程序,其进入时的热键也有所不同。有的会在屏幕上显示进入 BIOS 的热键,而有的则没有提示信息。绝大多数主板的说明书都介绍进入 BIOS 的方法。下面是常见的几种进入 BIOS 设置程序的方法:

◆ Award BIOS:按 Del 键。

◆ AMI BIOS:按 Del 键或 Esc 键。

◆ Phoenix BIOS:按 F2 键。

2.用系统提供的软件来设置

现在的主板 BIOS 都提供了 ACPI(高级配置与电源接口),通过操作系统自带的 DMI(桌面管理接口)应用程序就可以实现更改 CMOS 设置信息,如节能、电源管理等。

3.可以使用一些读写 CMOS 的应用软件

部分应用程序(如 QAPLUS) 提供了对 CMOS 的读、写、修改功能,通过它们可以对计算机的基本配置进行设置。

6.2.2　Phoenix-Award BIOS 设置

（因不同主板的 BIOS 有所不同，且 BIOS 的设置项较多，本书只简单介绍 BIOS 一些最常用的设置，具体详细设置请以主板说明书为准。）

计算机加电后，系统将会开始 POST 自检过程。当屏幕上出现"Press DEL to enter SETUP"信息时，按 Del 键即可进入设置程序。进入后，Phoenix-Award BIOS CMOS Setup Utility 主菜单如图 6-3 所示。

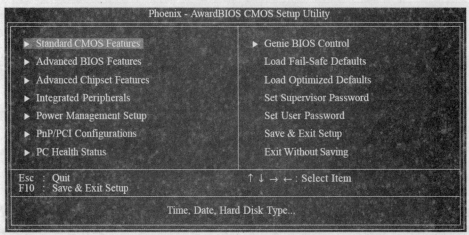

图 6-3　Phoenix-Award BIOS 主菜单

主菜单共提供了 10 种设定功能及两种载入默认值功能和两种退出选择，使用键盘进行操作，常用的控制键功能如表 6-3 所示。

表 6-3　Phoenix-Award BIOS 的控制键

控制键	功　　能
↑	向上移一项
↓	向下移一项
←	向左移一项
→	向右移一项
Enter	选定此选项，如果某项左边有向右的指示箭头符号出现，选择此项可打开子菜单
Esc	跳到退出菜单或从此菜单回到上一层菜单
PgUp 或＋	增加数值或改变选择项
PgDn 或－	减少数值或改变选择项
F6	载入性能优化默认值
F7	载入故障保护默认值
F10	保存更改并退出
F1	打开帮助界面

1. Standard CMOS Features（标准 CMOS 特性）

使用方向键选取"Standard CMOS Features"选项并按回车键。屏幕显示如图 6-4 所示。

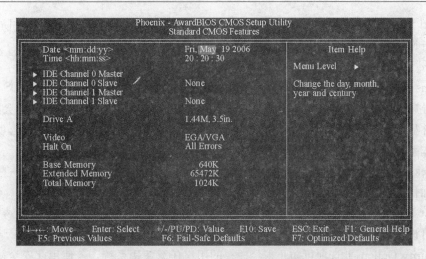

图 6-4　标准 CMOS 特性设置界面

使用此菜单可对基本的系统配置进行设定。如日期、时间、IDE 驱动器等，主要设置项如下：

◆ Date(mm:dd:yy)：设置日期。格式是 mm:dd:yy，即月、日、年。

◆ Time(hh:mm:ss)：设置时间。格式是 hh:mm:ss，即时、分、秒。

◆ IDE Channel 0/1 Master/Slave：设定 IDE 驱动器。一般选择"Auto"项即可。

◆ Halt On：当 BIOS 执行开机自我测试时，若侦测到错误，可让系统暂停开机。系统默认值为 "All Errors"，即一旦侦测到错误，系统立即停止开机。

2．Advanced BIOS Features(高级 BIOS 特性)

使用方向键选取"Advanced BIOS Features"选项并按回车键。屏幕显示如图 6-5 所示。

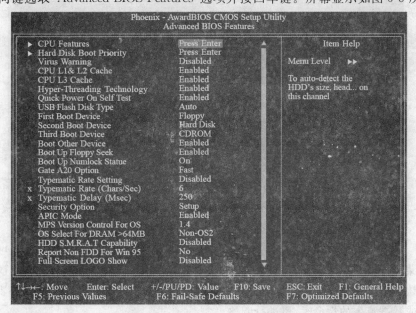

图 6-5　高级 BIOS 特性设置界面

使用此菜单可对系统的高级特性进行设定，主要设置项如下：

◆ CPU Feature：使用此选项可对 CPU 的一些特性如运行速度、频率、电压、硬件防病毒技术等进行设置。

◆ Hard Disk Boot Priority：使用此选项可以选择硬盘的开机顺序。

◆ Virus Warning：此选项用于保护引导扇区或硬盘分区表。此选项开启时，BIOS 将监视硬盘引导扇区或硬盘分区表。当引导扇区或硬盘分区表中有读取动作时，BIOS 会立即终止系统并显示出错信息。但在安装操作系统或运行某些程序时，可能需要将此选项关闭，否则操作系统将无法安装或程序无法运行。

◆ Quick Power On Self Test：若设为"Enabled"，将允许系统快速启动，而跳过一些检测项目，以加快开机速度。

◆ First Boot Device、Second Boot Device、Third Boot Device 与 Boot Other Device：使用这些选项可设定计算机开机的先后顺序，BIOS 会根据其中的设定依序搜寻开机设备。

◆ Security Option：此选项可防止未经授权的用户任意使用系统。若使用此安全防护功能，需同时在 BIOS 主菜单上选取"Set Supervisor/User Password"选项以设定密码。可选项有：

　　System：开机进入系统或 BIOS Setup 时，必须输入正确的密码。

　　Setup：进入 BIOS Setup 时，必须输入正确的密码。

◆ HDD S. M. A. R. T Capability：若系统使用的是支持 SMART 技术的硬盘（目前的硬盘均支持 SMART 技术），将此项目设置为"Enabled"即可开启硬盘的预示警告功能。它会在硬盘即将损坏前预先通知用户，让用户提早进行数据备份，避免数据流失。

3. Advanced Chipset Features（高级芯片组特性）

使用方向键选取"Advanced Chipset Features"选项并按回车键。屏幕显示如图 6-6 所示。

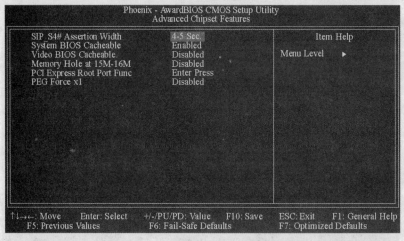

图 6-6　高级芯片组特性设置界面

使用此菜单主要是用来设定系统芯片组的相关功能。例如：总线速度与内存资源的管理。每一项目的默认值皆以系统最佳运作状态为考虑。因此，除非必要，请勿任意更改这些默认值。系统若有不兼容或数据流失的情形时，再进行调整。

4. Integrated Peripherals（集成外设设置）

使用方向键选取"Integrated Peripherals"选项并按回车键。屏幕显示如图 6-7 所示。

使用此菜单可以对周边设备进行特别的设定。

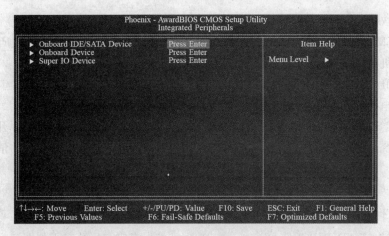

图 6-7 集成外设设置界面

5. Power Management Setup(电源管理特性)

使用方向键选取"Power Management Setup"选项并按回车键。屏幕显示如图 6-8 所示。

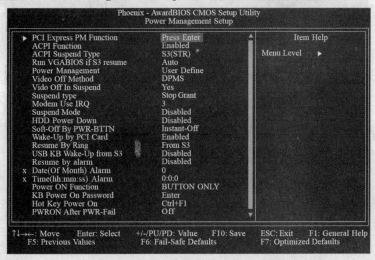

图 6-8 电源管理特性设置界面

使用此菜单可以对系统电源管理进行特别的设定,如可设定系统的省电功能等。

(1)ACPI Suspend Type

此选项用于选择系统暂停模式的类型,可选项有:

◆ S3(STR):开启"Suspend to RAM"(挂起到内存)功能,以实现瞬间开机。

◆ Auto:只有使用的是 Windows XP 以上操作系统时,此设定值可选。

(2)Power Management

用户可依据个人需求选择省电类型或程度,自行设定系统关闭硬盘电源(HDD Power Down)前的闲置时间,可选项有:

◆ Min. Saving:最小的省电类型。若持续 15 min 没有使用系统,就关闭硬盘电源。

◆ Max. Saving:最大的省电类型。若 1 min 没有使用系统,就关闭硬盘电源。

◆ User Define:用户自行在"HDD Power Down"项目中进行设定。

(3)HDD Power Down

若"Power Management"项设为"User Define",即可在此进行设定。用户若在所设定的时间内没有使用计算机,硬盘电源会自动关闭。

(4)Soft-Off by PWR-BTTN

选择系统电源的关闭方式,可选项有:

◆ Delay 4 Sec.:用户若持续按住电源开关超过 4 s,电源会关闭。若按住电源开关的时间少于 4 s,系统会进入暂停模式。此功能可避免用户在不小心碰触到电源开关的情况下误将系统关闭。

◆ Instant-Off:按一下电源开关,电源立即关闭。

6. PnP/PCI Configurations(PnP/PCI 配置)

使用方向键选取"PnP/PCI Configurations"选项并按回车键。屏幕显示如图 6-9 所示。

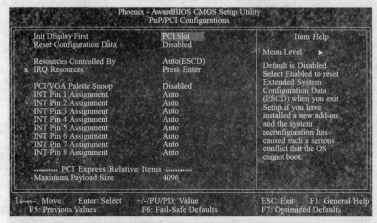

图 6-9　PnP/PCI 配置界面

本菜单主要实现对 PCI 总线系统和 PnP(Plug & Play,即插即用)的配置,所涉及的问题技术性较强。若非经验丰富的用户,请勿更改原默认值。

7. PC Health Status(PC 健康状态)

使用方向键选取"PC Health Status"选项并按回车键。屏幕显示如图 6-10 所示。

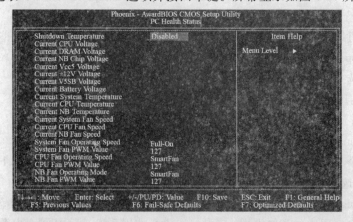

图 6-10　PC Health Status 设置界面

本菜单主要是显示系统自动检测的电压、温度及风扇转速等相关参数,而且还能设定超负荷时发出警报和自动关机,以防止故障发生。

Shutdown Temperature:选择系统的温度上限值。一旦侦测出温度已超过此选项所设定的临界值,系统会自动关闭,以避免过热现象发生。

8. Genie BIOS Setting(魔法 BIOS 设置)

使用方向键选取"Genie BIOS Setting"选项并按回车键。屏幕显示如图 6-11 所示。

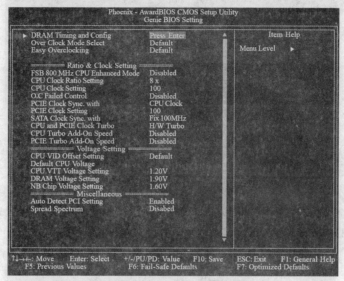

图 6-11　魔法 BIOS 设置界面

使用此菜单可以设置 CPU、内存的频率和电压及 PCI 的频率等,对于喜欢超频的用户此菜单非常有用。

9. Load Fail-Safe Defaults(载入故障保护设置默认值)

BIOS ROM 芯片中存储有一套安全默认值,这套默认值并非是系统最佳性能的标准值,因为部分可增进系统效能的功能都被关闭;但是这套默认值能够相对较多的避免硬件问题;因此,系统硬件运行发生问题时,用户可载入这套默认值。在 BIOS 主菜单上选择此项目,按回车键后屏幕显示如图6-12所示。

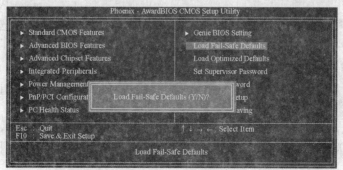

图 6-12　载入故障保护设置默认值

键入"Y"后按回车键,即可将这套默认值加载。

10. Load Optimized Defaults(载入优化设置默认值)

BIOS ROM 芯片中存有一套最优化的 BIOS 默认值,请使用这套默认值作为系统的标准设定值。在 BIOS 主菜单上选择此项目,按回车键后屏幕显示如图 6-13 所示。

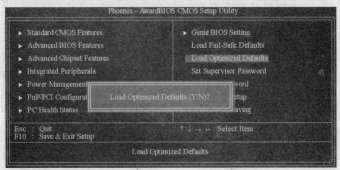

图 6-13　载入优化设置默认值

键入"Y"后按回车键,即可将最优化默认值加载。

11. Set Supervisor Password(设置管理员密码)

要避免未经授权人员同意任意使用计算机或更改 BIOS 的设定值的现象出现,可在此设定管理员密码。在 BIOS 的主菜单中,用方向键选中"Set Supervisor Password"后按回车键,屏幕显示如图 6-14 所示。

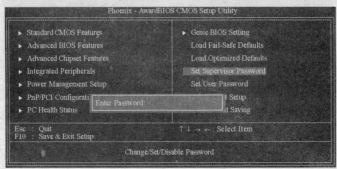

图 6-14　设置管理员密码

键入 8 个字符以内的密码后按回车键。屏幕会出现以下信息:"Confirm Password:"再一次输入相同的密码作为确认。若要取消管理员密码的设定,请在主菜单中选择"Set Supervisor Password"后按回车键,在"Enter Password:"信息出现后,不要输入任何密码而直接按回车键即可。

12. Set User Password(设置用户密码)

若要将系统开放给其他用户,但又想避免 BIOS 设定被任意更改,可设定用户密码作为使用系统时的通行密码。

以用户密码进入 BIOS 设定程序时,只能进入主菜单的用户密码设定项目,而无法进入其他的设定项目。在 BIOS 的主菜单中,用方向键选中"Set User Password"后按回车键,屏幕显示如图 6-15所示。

键入 8 个字符以内的密码后按回车键。屏幕会出现以下信息:"Confirm Password:",再一次输入相同的密码作为确认。若要取消用户密码的设定,请在主菜单选择"Set User Password "后按回车键,在"Enter Password:"信息出现后,不要输入任何密码而直接按回车键即可。

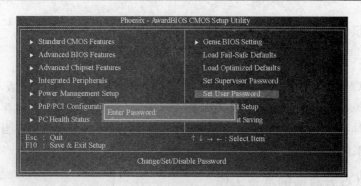

图 6-15　设置用户密码

如果忘记密码,可打开机箱,找到主板上的 CMOS 跳线,按主板说明书的要求对 CMOS 放电,这样可清除 CMOS 口令。

13. Save & Exit Setup(保存并退出)

设定值更改完毕后,若想存储所做的更改,请选择"Save &Exit Setup"选项并按回车键,屏幕显示如图 6-16 所示。键入"Y"后按回车键,所有更改过的设定值会存入 CMOS 内存中,同时系统将会重新启动。

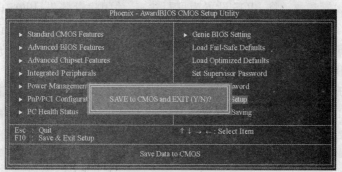

图 6-16　保存并退出界面

14. Exit Without Saving(不保存退出)

若不想存储更改过的设定值,请选择"Exit Without Saving"按回车键,屏幕显示如图 6-17 所示。键入"Y"后按回车键,系统将会重新启动。

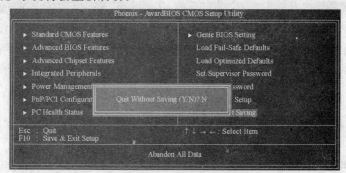

图 6-17　不保存退出界面

6.3　BIOS 升级

升级主板 BIOS 不单是为了获得 BIOS 版本的提升,更重要的是可修正低版本中的 BUG,并提供对新的硬件设备或技术规范的支持,从而提升系统的性能。记住:BIOS 升级存在一定的风险,如果系统运作正常时,请勿随意升级 BIOS,以免产生不必要的风险。由于操作不当所造成的损坏,厂商将不负赔偿及维修责任。

6.3.1　BIOS 升级前的准备工作

如果升级 BIOS,那么必须做好以下工作以保证升级成功。一旦升级失败将造成系统不能启动。如果有主板说明书,查看有关 BIOS 升级方面的内容,或登录主板生产商的网站查找升级方面的内容。

①确定主板的厂家及型号。不同主板的 BIOS 不能通用,所以首先要知道主板型号。要得到主板的信息可以查看主板包装盒和说明书,看主板上印刷的厂家及产品型号,进入 BIOS(对 AMI BIOS 而言)看主菜单界面查找或查看开机画面。开机时当检测到内存或硬盘时按下 Break 键,屏幕上第一行或第二行中有主板 BIOS 的信息。

②更改 BIOS 设置参数。将 BIOS 设置为可写状态,关闭病毒警告、BIOS 内容镜像、保护设置等方面的内容。可写状态的设置有的主板通过改变跳线实现,有的主板通过更改设置 BIOS 中的设置值实现。如果通过光盘引导系统应将 BIOS 中的启动项设为光盘启动。为防止硬盘上病毒的影响,不建议采用使用硬盘引导后更新 BIOS。

③下载 BIOS 升级工具及新版 BIOS 文件。到主板厂商的网站找到与主板配套的新版 BIOS 文件及 BIOS 的升级工具。将这两个文件下载到 FAT 32 格式的硬盘分区上。如果下载的文件是压缩文件,应先进行解压缩。

④最好准备一个在线式的 UPS。为防止更新 BIOS 时因断电而造成的更新失败,应准备一个在线式的 UPS 电源。

⑤准备一张软盘、硬盘或 U 盘系统启动盘。

6.3.2　BIOS 升级步骤

1.BIOS 升级的方法

(1)在操作系统环境中升级

有些主板厂商为方便用户更新主板的 BIOS,在随主板的驱动光盘中提供 BIOS 的快速更新程序,在 Windows 窗口界面下通过网络可以实现 BIOS 的更新。如 Intel 公司生产的 D975XBX 主板,具体操作过程可以登录 www.intel.com.cn 网站或查看主板手册。

(2)在 DOS 界面升级

下面我们以更新 Award BIOS 为例来讲述 BIOS 的升级过程。假定在升级前上面的准备工作已做好,其中 Awdflash.exe 为更新程序,xxx.bin 为新版的 BIOS 文件。

①将 Awdflash.exe 更新程序和新版的 BIOS 文件 xxx.bin 放在同一目录下(如 C:\)。

②用启动盘启动系统到纯 DOS 环境下。

③在 DOS 提示符下,输入 Awdflash xxx.bin 后回车,系统会询问是否备份现有的 BIOS 文件,

建议用户进行备份以备需要时再恢复。

④再次确认后系统即开始刷新 BIOS,注意此时绝对不能断电、关机或重启计算机。

⑤更新完毕后重新启动系统即可。

6.4　实　　训

BIOS 设置与升级

【目的与要求】

1. 掌握 BIOS 的升级方法。

2. 掌握常见 BIOS 的设置。

【实训内容】

1. 由教师指定一台计算机,写出升级主板 BIOS 的具体步骤,并上机验证。

2. 查看不同型号计算机的 BIOS,并下载它的使用手册,结合上机熟悉它的 BIOS 设置。

6.5　习　　题

1. 简述 BIOS 的作用。

2. 说出进入不同厂商的 BIOS 设置程序的热键。

3. Load Fail-Safe Defaults 和 Load Optimized Defaults 两种不同的 BIOS 设置对系统有什么影响?

4. 通过对 BIOS 哪些项的调整可以提高系统的运行速度?

5. BIOS 升级前需要哪些准备工作?

6. 如果忘记了在 CMOS 中设置的口令,如何清除?

第7章　硬盘分区、格式化

新购买的硬盘在出厂时是完全"空白"的，使用前需要对硬盘进行分区和高级格式化。

7.1　硬盘分区

硬盘分区就是将一个整块的物理硬盘划分成逻辑的几个部分，以方便管理。比如常说的 C 盘、D 盘、E 盘等就是分区的结果。

7.1.1　硬盘分区常用软件

1. FDISK

FDISK 是元老级的硬盘分区工具，Windows 系统启动盘或者 Windows 98 操作系统的 Windows\Command 目录中就有该程序。它功能简单，是多年前分区的主要工具，主界面如图7-1所示。

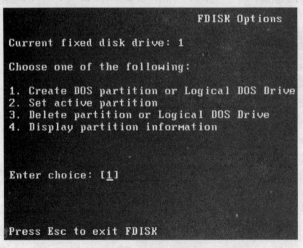

图 7-1　FDISK 主界面

（1）优点

①程序短小精悍，兼容性特别好。

②可以用 FDISK/MBR 命令重新写入磁盘的主引导记录（Master Boot Record），处理一些被病毒或者保护工具改写的引导扇区。

③如果在双系统中卸载 Windows 2000 或者 Windows XP，只要在 DOS 下输入 FDISK/MBR 和 SYS C:就完成了。

(2)缺点

①必须在纯 DOS 下运行,英文界面,对于初学者不容易掌握。

②速度较慢,每次确定分区容量后都要对硬盘进行扫描,而且不提供格式化硬盘的功能。

③不支持大于 64 GB 的硬盘(Windows Me 中的可以)。面对如今的大容量硬盘显得苍白无力。

2. DM

DM 是由 ONTRACK 公司开发的一款老牌的硬盘管理工具,在实际使用中主要用于硬盘的初始化,如低级格式化、分区、高级格式化和系统安装等。由于功能强大、安装速度极快而受到用户的喜爱,主界面如图 7-2 所示。

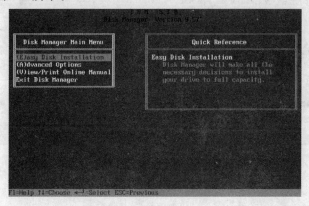

图 7-2　DM 主界面

(1)优点

①集分区、格式化、让老式主板支持大硬盘等多种功能于一身。

②非常好用,只要设定好每个分区的大小就会自动完成分区和格式化的一系列工作,而且自动设置主分区和扩展分区中的逻辑分区。

③提供简易和高级两种安装模式,以满足不同用户的各种要求。

④当使用高级安装模式时,允许更改硬盘簇的大小。

⑤提供的硬盘诊断功能可以查找硬盘子系统中相互关联的问题。

⑥提供的低级格式化程序比许多 BIOS 附带的 Low Level Format 程序先进得多,甚至可以让某些 0 磁道出了问题的硬盘起死回生。

⑦速度快。

(2)缺点

①DM 的界面复杂,对第一次使用的人来说可能不太容易操作。

②通用性不强,针对不同硬盘开发的 DM 软件并不能通用,这给用户的使用带来了不便,但也有通用版本,适合各种硬盘。

3. PartitionMagic

PowerQuest PartitionMagic(分区魔法师)是由 PowerQuest 公司(已被 Symantec 公司收购)开发的一个优秀硬盘分区管理工具。该工具可以在不损失硬盘中已有数据的前提下对硬盘进行重新分区、格式化分区、复制分区、移动分区、隐藏/重现分区、从任意分区引导系统、转换分区结构属性等。功能强大,可以说是目前在这方面表现最为出色的工具,分 DOS 和 Windows 两种版本,主界面如图 7-3 所示。

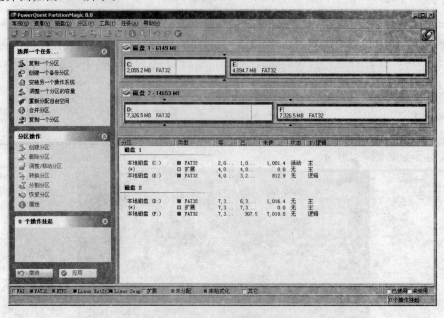

图 7-3　PartitionMagic 主界面

（1）优点

①数据无损分区:可在不损坏数据的前提下调整分区大小,可以对现有分区进行合并、分割、复制、调整等操作,不损坏现有数据,这是它最大的优点。

②多主分区格式:可以是 FAT16、FAT32 等 DOS 分区,也可以是 NTFS、OS/2 的 HPFS、Linux 的 EXT2 等非 DOS 分区。

③分区格式转换:支持 FAT16、FAT32 格式转换为 NTFS 格式,也支持 NTFS 格式转换为 FAT16. FAT32 格式。

④格式化分区:分区后直接可以进行高级格式化。

⑤分区隐藏:可以隐藏分区来保护重要的数据不受误删除。

⑥文件簇调整:可以手动调整文件簇的大小,可以是 4 KB、1 KB 或 512 B,以减少空间的浪费。

⑦多系统引导功能:通过 BootMagic 建立多分区的引导。

（2）缺点

①使用上有些复杂,操作中需要注意的问题不少,误操作带来的后果严重。

②功能虽强,但整个软件系统较为复杂,占用磁盘空间较大,有时会有累赘感。启动软盘的剩余空间无法容纳它的程序,必须刻录在光盘上。

4. DiskGen

本软件为李大海编写的优秀的硬盘分区工具。它不仅提供了基本的硬盘分区功能,如建立分区、删除分区等,用户还可以通过它隐藏分区、格式化分区、调整分区大小、重新建立丢失了的分区表,甚至可以直接修改分区参数。除此以外,它还提供了一系列其他非常实用的功能,如分区表备份、修复硬盘主引导记录等,主界面如图 7-4 所示。

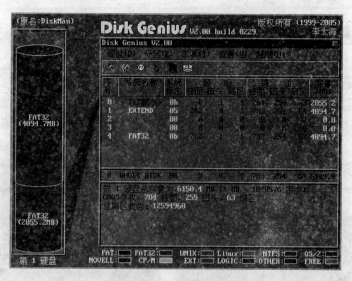

图 7-4　DiskGen 主界面

（1）优点

①仿 Windows 纯中文图形界面，无须任何汉字平台的支持，支持鼠标操作。

②提供强大的分区表重建、编辑功能，迅速修复损坏了的分区表。

③支持 FAT/FAT32 分区的快速格式化。

④在不破坏数据的情况下直接调整 FAT/FAT32 分区的大小。

⑤自动重建被破坏的硬盘主引导记录。

⑥为防止误操作，对于简单的分区动作，在存盘之前仅更改内存缓冲区，不影响硬盘分区表。

⑦能查看硬盘任意扇区，并可保存到文件。

⑧可隐藏 FAT/FAT32 及 NTFS 分区。

⑨可备份包括逻辑分区表及各分区引导记录在内的所有硬盘分区信息。

⑩提供扫描硬盘坏区功能，报告损坏的柱面。

⑪具备扇区拷贝功能。

⑫可以彻底清除分区数据。

（2）缺点

Windows 下使用只能查看而不能修改分区信息。

5.各种版本操作系统光盘自带的分区工具

Windows 2000 以上版本原版操作系统光盘均可以启动电脑并进行分区格式化，其功能较简单。

（1）优点

①不必借助其他工具。

②兼容性好，与任何磁盘保护系统都可以友好相处。

③除 FDISK 外，Windows 2000/XP/2003/Vista 自带的分区都是中文提示，易于掌握。

（2）缺点

附属功能少。

7.1.2　硬盘分区全程图解

用 FDISK 命令对硬盘分区并不复杂,其步骤如下:

首先利用软盘或光盘启动盘启动计算机,软盘启动后得到的画面,如图 7-5 所示。

在 DOS 提示符后键入命令 FDISK,然后回车,画面显示如图 7-6 所示。画面大意是说磁盘容量已经超过了 512 MB,为了充分发挥磁盘的性能,建议选用 FAT32 文件系统,输入"Y"键后按回车键。

图 7-5　用启动盘启动计算机　　　　图 7-6　键入 FDISK 命令后的画面

现在已经进入了 FDISK 的主界面,如图 7-7 所示,里面的选项虽然不多,但选项下面还有选项,操作时注意别搞混了。

图 7-7 中选项解释:

1.创建 DOS 分区或逻辑驱动器;2.设置活动分区;3.删除分区或逻辑驱动器;4.显示分区信息。

选择"1"后按回车键,画面显示如图 7-8 所示。

图 7-8 中选项解释:

1.创建主分区;2.创建扩展分区;3.创建逻辑驱动器。

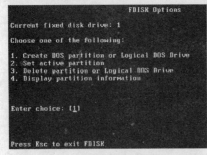
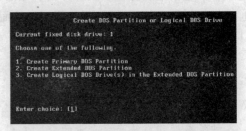

图 7-7　FDISK 的主界面　　　　　图 7-8　创建 DOS 分区或逻辑驱动器选项

一般说来,硬盘分区遵循着"创建主分区→创建扩展分区→在扩展分区中创建逻辑驱动器"的次序原则,而删除分区则与之相反。一个硬盘可以划分多个主分区,用于安装多操作系统。主分区之外的硬盘空间就是扩展分区,而逻辑驱动器是对扩展分区再行划分得到的。

1.创建主分区

选择"1"后回车确认,FDISK 开始检测硬盘,如图 7-9 所示。

接着系统询问是否希望将整个硬盘空间作为主分区并激活,如图 7-10 所示。主分区一般就是 C 盘,随着硬盘容量的日益增大,很少有人将硬盘只分一个区,所以选"N"并按回车键,显示硬盘总空间,并继续检测硬盘,如图 7-11 所示。

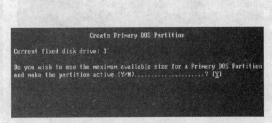

图 7-9　FDISK 检测硬盘　　　　　　　图 7-10　　询问是否将整个硬盘空间作为主分区并激活

设置主分区的容量,可直接输入分区大小(以 MB 为单位)或分区所占硬盘容量的百分比(%),如图 7-12 所示,回车确认。

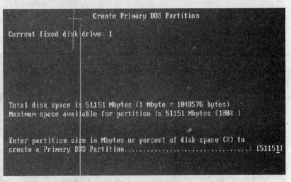

图 7-11　FDISK 继续检测硬盘　　　　　　　　　　图 7-12　输入主分区的容量

主分区 C 盘已经创建,如图 7-13 所示。

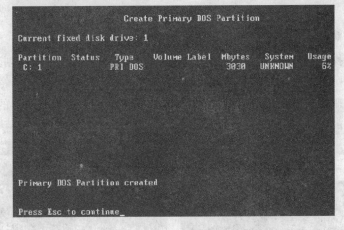

图 7-13　主分区 C 盘已经创建

2.创建扩展分区

按 Esc 键回到上一层菜单,这一步选择"2",如图 7-14 所示。开始创建扩展分区,硬盘检测中,如图 7-15 所示。

图 7-14　选择创建扩展分区　　　　　　　图 7-15　继续检测硬盘

习惯上我们会将除主分区之外的所有空间都划为扩展分区,直接按回车键即可。当然,如果想安装微软之外的操作系统,则可根据需要输入扩展分区的空间大小或百分比,如图 7-16 所示。

扩展分区创建成功,如图 7-17 所示。

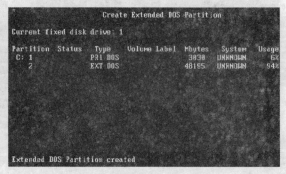

图 7-16　输入扩展分区的容量　　　　　　图 7-17　扩展分区创建成功

3. 创建逻辑驱动器

按 Esc 键继续操作,画面提示没有任何逻辑驱动器,接下来的任务就是创建逻辑驱动器,如图 7-18 所示。

前面提到逻辑驱动器在扩展分区中的划分,在此输入第一个逻辑驱动器的大小或百分比,最高不超过扩展分区的大小,如图 7-19 所示。

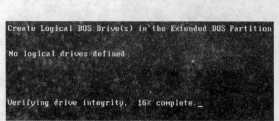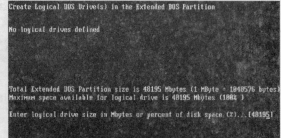

图 7-18　继续检测硬盘　　　　　　　　　图 7-19　输入第一个逻辑驱动器的容量

逻辑驱动器 D 盘已经创建,如图 7-20 所示。同理,继续创建逻辑驱动器,如图 7-21 所示。

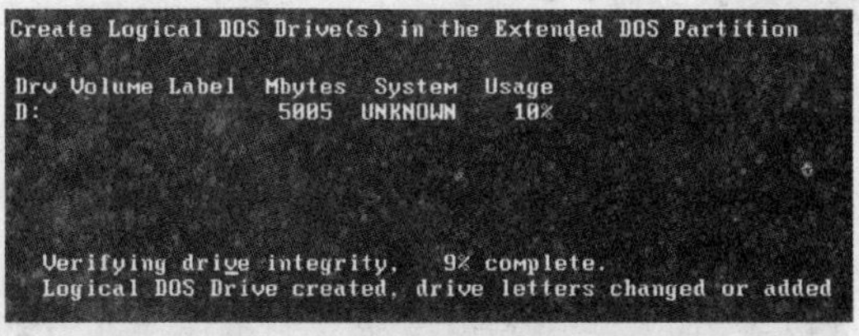

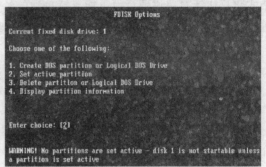

图 7-20　逻辑驱动器 D 盘已经创建 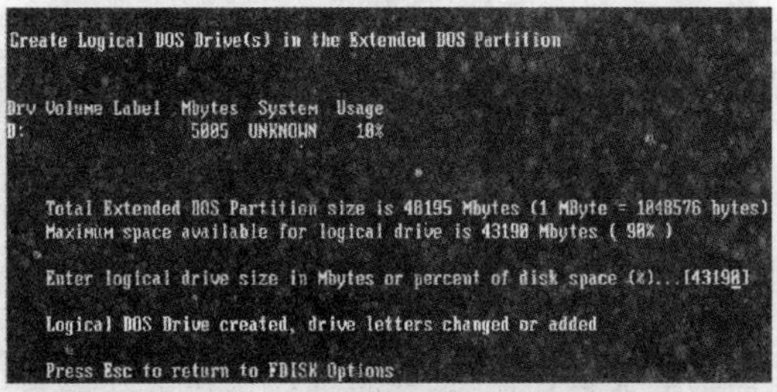　　　　　图 7-21　继续创建逻辑驱动器

逻辑驱动器 E 盘已经创建，如图 7-22 所示，全部创建完成后，按 Esc 键返回主界面，如图 7-23所示。

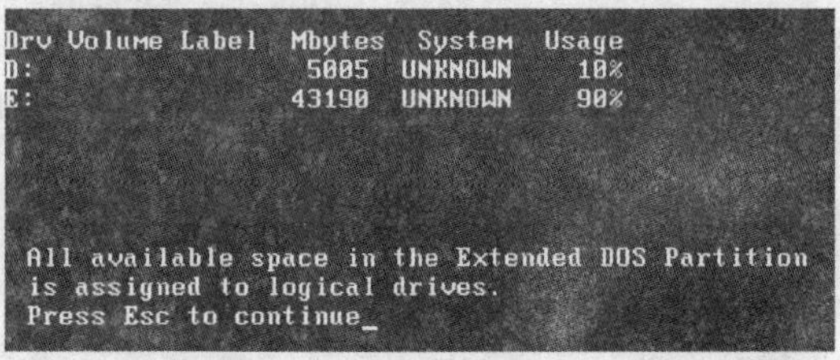

图 7-22　逻辑驱动器 E 盘已经创建　　　　　图 7-23　返回主界面

当然，如需要还可以创建更多的逻辑驱动器。

4. 设置活动分区

在 FDISK 主界面中选择"2"，设置活动分区（只有主分区才可以被设置为活动分区）。

按回车键后进入设置活动分区画面，选择数字"1"，如图 7-24 所示，即设 C 盘为活动分区。当硬盘划分了多个主分区后，可设其中任意一个为活动分区。C 盘已经成为活动分区，按 Esc 键继续。

必须重新启动计算机，如图 7-25 所示，这样分区才能够生效；重启后必须格式化硬盘的每个分区，这样分区才能够使用。

图 7-24　设 C 盘为活动分区 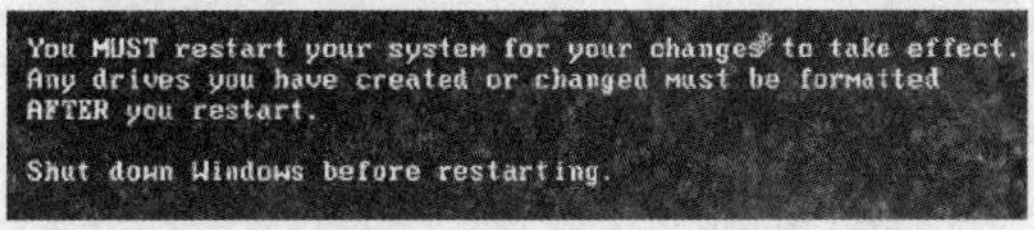　　　　　　　图 7-25　重新启动计算机

5. 删除分区

如果打算对一块硬盘重新分区，首先要做的是删除旧分区。删除分区的顺序从下往上，即"删除逻辑驱动器"→"删除扩展分区"→"删除主分区"，在此不再详述。

7.2　硬盘格式化

硬盘和软盘都必须格式化后才能使用,这是因为各种操作系统都必须按照一定的方式来管理磁盘,而只有格式化才能使磁盘的结构能被操作系统认识。

硬盘的格式化分为物理格式化和逻辑格式化。物理格式化又称为低级格式化,是对硬盘的物理表面进行处理,在硬盘上建立标准的磁盘记录格式,划分磁道和扇区等。逻辑格式化又称为高级格式化,高级格式化就是清除硬盘上的数据、生成引导区信息、初始化文件分配表、标注逻辑坏道等。若未特别指明,则一般格式化的动作所指的都是高级格式化。

可见,低级格式化是高级格式化之前的一项工作,它只能够在 DOS 环境下完成。而且低级格式化只能针对一块硬盘而不能支持单独的某一个分区。每块硬盘在出厂时,已由硬盘生产商进行低级格式化,因此通常使用者无需再进行低级格式化操作。

7.2.1　文件系统介绍

文件系统是指文件命名、存储和组织的总体结构。Windows 系列操作系统支持的 FAT 12、FAT16、FAT32 和 NTFS 都是文件系统。其实文件系统也就是我们经常所说的"磁盘格式"或"分区格式",总体都是一个概念,只不过分区只是针对硬盘,而文件系统是针对所有磁盘及存储介质。

1. FAT 系列文件系统

FAT(File Allocation Table):是文件分配表的意思。对我们来说,它的意义在于对硬盘分区的管理。

(1)FAT12

FAT12 是一种相当"古老"的文件系统,与 DOS 同时问世。它的得名是由于采用了 12 位文件分配表。FAT12 能够管理的磁盘容量极为有限,目前除了软盘驱动器还在采用 FAT12 之外,基本上已经没有什么地方能找到它了。

(2)FAT16

我们以前用的 DOS、Windows 95 都使用 FAT16 文件系统,它采用了 16 位文件分配表,最大只可以管理 2 GB 的分区。几乎所有的操作系统都支持这一种格式,DOS、Windows 系列,甚至独树一帜的 Linux 都支持这种文件系统。

但是 FAT16 文件系统存在着巨大的缺点:大容量磁盘利用效率低。在微软的 DOS 和 Windows系统中,磁盘文件的分配以簇为单位,一个簇只分配给一个文件使用,不管这个文件占用整个簇容量的多少。这样,即使一个很小的文件也要占用一个簇,剩余的簇空间便全部闲置,造成磁盘空间的浪费。由于文件分配表容量的限制(FAT16 文件系统规定每个分区最多只能有65 525个簇),FAT16 创建的分区越大,磁盘上每个簇的容量也越大,造成的浪费也越大。

(3)FAT32

随着大容量硬盘的出现,从 Windows 98 开始,FAT32 开始流行。它是 FAT16 的增强版本,采用 32 位的文件分配表,这样就使得磁盘的空间管理能力大大增强。它突破了 FAT16 文件系统的 2 GB 分区容量限制,可以支持大到 2 TB(2 048 GB)的分区。在一个不超过 8 GB 的分区中,FAT32 文件系统的每个簇容量都固定为 4 KB,与 FAT16 文件系统相比,大大减少了磁盘空间的浪费,提高了磁盘利用率。

目前,支持这一文件系统的操作系统有 Windows 95 OSR2/98/98 SE/Me/2000/XP/2003/Vista,Linux Redhat 部分版本也对 FAT32 提供有限支持。但是这种文件系统也有它明显的缺点,首先由于文件分配表的扩大,运行速度比采用 FAT16 文件系统的磁盘要慢,特别是在 DOS 7.0 下性能差距更明显。另外,由于早期 DOS 不支持这种文件系统,所以早期的 DOS 系统无法访问使用 FAT32 文件系统的磁盘。

2. NTFS 文件系统

NTFS(New Technology File System),是 Microsoft Windows NT 的标准文件系统,它也同时应用于 Windows 2000/XP/2003/Vista。它与旧的 FAT 文件系统的主要区别是 NTFS 支持元数据(Metadata),并且可以利用先进的数据结构提供更好的性能、稳定性和磁盘的利用率。

NTFS 文件系统的安全性非常好,NTFS 分区对用户权限做出了非常严格的限制,每个用户都只能按照系统赋予的权限进行操作,任何试图超越权限的操作都将被系统禁止,同时它还提供了容错结构日志,可以将用户的操作全部记录下来,从而保护了系统的安全。

但是 NTFS 文件系统兼容性不好,Windows 95/98/98SE/Me 都不能识别 NTFS 文件系统,它们需借助第三方软件才能操作 NTFS 分区。在 2001 年微软推出了 Windows XP 并结束了 Windows 9X 系列的开发,Windows XP 基于 NT 技术并提供了完善的 NTFS 支持,NTFS 也在不断升级中,它有多个版本,更新的版本添加了额外的特性。目前 Windows XP 所支持的为 NTFS 5.1。

3. Linux 文件系统

Linux 是近年来炒作最多、呼声最高的操作系统,版本繁多,支持的文件系统也不尽相同,但是它们的 Native 主分区和 Swap 交换分区都采用相同的格式——Ext 和 Swap。Ext 和 Swap 同 NTFS 文件系统相似,这两种文件系统的安全性与稳定性都极佳,使用 Linux 操作系统死机的机会将大大减少。但是目前支持这类文件系统的操作系统只有 Linux,同 NTFS 文件系统类似,Ext 文件系统也有多种版本。

7.2.2　硬盘高级格式化

对硬盘进行高级格式化的工具有很多,操作系统本身就能对硬盘进行高级格式化。在硬盘未安装操作系统前可以使用 DOS 系统的 Format 命令来完成。例如我们要格式化 C 盘,只要用启动盘将系统启动到纯 DOS 环境下,在 DOS 提示符下键入"Format C:",然后回车即可,如图 7-26 所示。在格式化完成时,我们还可以给分区设定卷标,如图 7-27 所示。

```
D:\DOS>format c:

WARNING, ALL DATA ON NON-REMOVABLE DISK
DRIVE C: WILL BE LOST!
Proceed with Format (Y/N)?_
```

图 7-26　格式化 C 盘

```
Format complete.

Volume label (11 characters, ENTER for none)? _
```

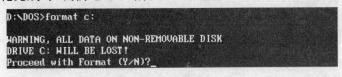

图 7-27　设定卷标

Format 命令有几个常用的参数：

①"/S"：使格式化后的磁盘成为启动盘，格式化后，可以用该盘直接启动计算机。

②"/U"：无条件格式化硬盘，格式化时将不保留磁盘原先的任何信息。一般第一次格式化硬盘时，可使用这个参数，减少格式化所需的时间。

③"/Q"：快速格式化，这个参数可在对已做过格式化的硬盘进行格式化时使用，可以减少对硬盘的损坏。如果选择的是快速格式化，那么将只从分区文件分配表中做删除标记，而不扫描硬盘以检查是否有坏扇区。只有在硬盘以前曾被格式化过并且在能确保硬盘没有损坏的情况下，才可以使用此选项。

7.3　实　　训

对硬盘进行分区与格式化

【目的与要求】

1. 了解对硬盘进行分区的常用软件。

2. 掌握对硬盘进行分区与格式化操作。

【实训内容】

1. 制作一张系统启动盘。

2. 用 FDISK 命令对硬盘进行分区。

3. 用 Format 命令对硬盘进行格式化。

7.4　习　　题

1. 对硬盘进行分区的工具有哪些？

2. 常见的文件系统有哪些？

3. 为什么要进行硬盘分区和格式化？

4. 怎样对硬盘进行分区？

第8章 操作系统及驱动程序安装

【学习要点】 Windows XP/Vista 的安装注意事项；Windows XP/Vista 的安装过程；
多操作系统的安装；驱动程序的安装顺序与方法。

将计算机各配件按照正确的方法组装在一起，这时候的计算机只能称为"裸机"，是做不了任何工作的。要想正常使用，必须先安装操作系统及驱动程序，然后才可以安装各种应用软件，方便我们在工作和生活中使用。

8.1 Windows XP 的安装

"Windows XP 是个人计算机的一个重要里程碑，是实现 .NET 的基础。该系统集成了数码媒体、无线网络、远程网络等最新的技术和规范并具有极强的兼容性，更美观、更具个性的界面设计，Windows XP 的出现将自由释放数字世界的无穷魅力，将为用户带来更加兴奋的全新感受！"这是微软自夸的话，但不可否认的是，Windows XP 确实是 Windows 史上非常出色的操作系统，它以 NT 为核心，拥有极其华丽的外观；它将 Windows 9x/Me 的用户带进一个有 Windows 2000般稳定，而操作却比 Windows 9x/Me/2000 更容易的使用环境中。

Microsoft 提供以下三种版本的 Windows XP 操作系统：

◆ Windows XP Professional(专业版)：功能最齐全，具有最高层级的效能、生产力和安全性，对商业用户及对系统要求最高的家庭用户而言，都是最佳选择。

◆ Windows XP Home Edition(家庭版)：具有多项令人雀跃的新功能，让电脑可以执行更多作业，是大多数家用者的最佳选择。

◆ Windows XP 64-Bit Edition(64 位工作站版)：专为特殊的、技术工作站使用者所设计。

下面以 Windows XP Professional 版本为例来讲解 Windows XP 的安装过程。

8.1.1 安装要求

1. 硬件需求

安装 Windows XP Professional 之前，应该确保计算机满足以下的最小硬件要求：

①233 MHz Pentium 或更高的 CPU(或与之相当的 CPU)；

②建议使用 128 MB 内存(最小为 64 MB，最大为 4 GB)；

③1.5 GB 的可用硬盘空间；

④VGA 监视器；

⑤键盘；

⑥鼠标或兼容指针设备；

⑦CD-ROM 或 DVD 驱动器。

如果从网络安装：

①兼容网卡和相关电缆；

②访问包含安装文件的网络共享。

2. 安装方式

如果是在已有的操作系统上启动 Windows XP Professional 安装向导，必须首先确定是升级当前的操作系统还是执行全新安装。

在升级过程中，Windows XP Professional 安装向导将替换现有的 Windows 文件，但仍将保留现有设置和应用程序。某些应用程序可能与 Windows XP Professional 不兼容，因而在升级后可能无法正常工作。用户可以从下列操作系统升级到 Windows XP Professional：

①Windows 98（所有版本）；

②Windows Millennium Edition；

③Windows NT 4.0 Workstation（Service Pack 6 及以后版本）；

④Windows 2000 Professional（包括 Service Pack）；

⑤Windows XP Home Edition。

如果计算机当前运行的操作系统不支持升级，则必须进行全新安装。向导将 Windows XP Professional 安装在新的文件夹中。

8.1.2　Windows XP 安装全程图解

①开机按 Del 键或 F2 进入 BIOS 设置，将计算机的启动模式设成从光盘启动。也就是从 CD-ROM 启动，根据主板的不同，BIOS 设置有所差异。

②启动机器，插入 XP 的安装光盘，等待光盘引导出现。

当出现"Press any key to boot from CD…"时，如图 8-1 所示，按任意键进行引导。这时候，XP 的安装程序会自动运行，如图 8-2 所示。

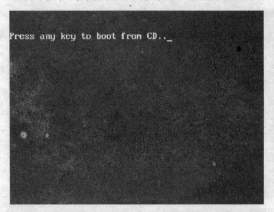

图 8-1　光盘引导提示信息　　　　　　　图 8-2　XP 的安装程序开始运行

③等到出现如图 8-3 所示界面，按回车键，出现 Windows XP 许可协议，如图 8-4 所示，然后按 F8 键同意协议。

④接着是给 XP 指定安装位置，如图 8-5 所示（若硬盘已提前进行过分区和格式化，则以下的⑤、⑥步可省略）。因硬盘还未分区，按 C 键开始建立一个分区（推荐 2 GB 以上），如图 8-6 所示，输入要给它划分的大小，按回车键确定。

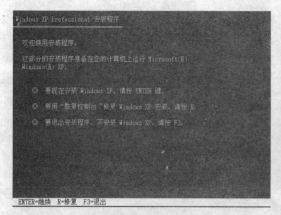

图 8-3　安装选项

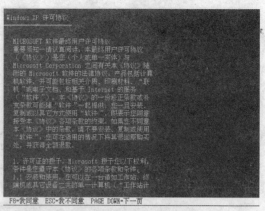

图 8-4　Windows XP 许可协议

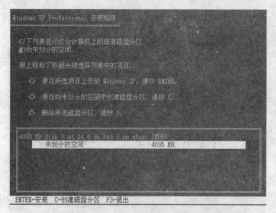

图 8-5　指定 XP 安装位置

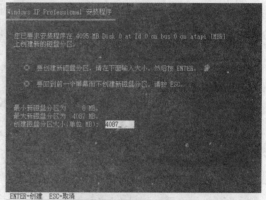

图 8-6　建立一个新分区

⑤然后回到上一步菜单，如图 8-7 所示，按回车键，就把 Windows XP 安装在刚划分的分区上，因刚创建的分区还未格式化，系统要求选择格式化类型，如图 8-8 所示。

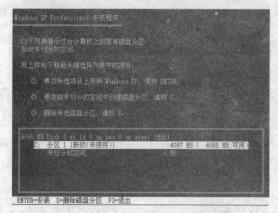

图 8-7　指定 XP 安装位置

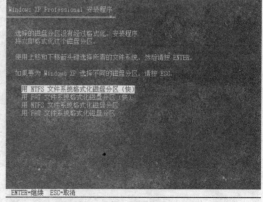

图 8-8　选择格式类型

⑥推荐用 NTFS 格式格式化硬盘分区，当然，如果用户对系统的安全系数要求不是十分的高，也为了以后的便利，也可以选择 FAT 文件格式。选择"用 NTFS 文件系统格式化磁盘分区（快）"项，安装程序开始格式化硬盘，如图 8-9 所示。格式化完成后进行文件复制，如图 8-10 所示。

图 8-9　格式化硬盘分区　　　　　　　　　图 8-10　安装程序复制文件

⑦复制完成后,安装程序需要重新启动,如图 8-11 所示。重新启动完成后,就会进入第二轮的安装,这个时候,安装程序会检测用户的硬件配置,并继续安装,如图 8-12 所示。

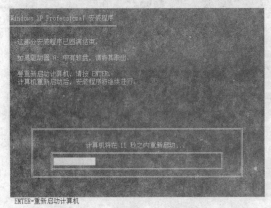

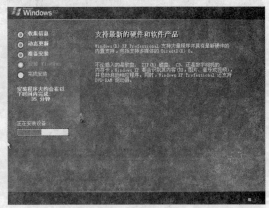

图 8-11　安装程序重新启动　　　　　　　图 8-12　检测硬件配置并安装

⑧随后就会进入“区域和语言选项”,如图 8-13 所示,我们直接选择“下一步”后安装程序要求输入姓名和单位,如图 8-14 所示。

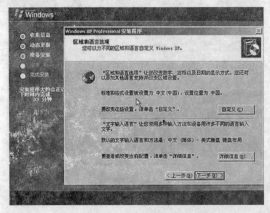

图 8-13　区域和语言选项　　　　　　　　图 8-14　输入姓名和单位

⑨接着安装程序要求输入序列号,如图 8-15 所示。输入正确的序列号后,单击“下一步”按

钮,安装程序要求自定义计算机名和系统管理员密码,如图 8-16 所示,为了安全起见,最好给系统管理员设定一个密码。

图 8-15　输入序列号

图 8-16　输入计算机名和系统管理员密码

⑩接下来,可以设定时区、日期和时间,如图 8-17 所示。也可进行网络设置,一般选择"典型设置"即可,如图 8-18 所示。

图 8-17　设定时区、日期和时间

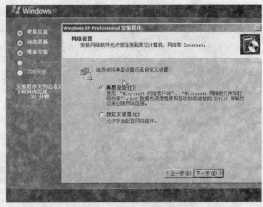
图 8-18　选择网络设置

⑪单击"下一步",在出现的"工作组或计算机域"选项中一般选择默认项即可,如图 8-19 所示。单击"下一步"后系统继续安装,直到再次重新启动,如图 8-20 所示。

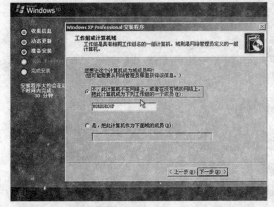
图 8-19　选择工作组或计算机域

图 8-20　再次重新启动

⑫第一次启动需要较长时间,请耐心等候,接下来是"欢迎使用"画面,提示设置系统。单击"下一步"按钮,出现设置网络连接画面,如图 8-21 所示。请根据实际情况进行设置,设置完成后,就可以上网激活 XP 了,如图 8-21 所示。不过即使不激活也有 30 天的试用期。

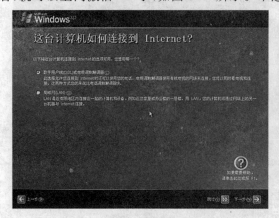

　　　图 8-21　设置网络连接　　　　　　　　　　图 8-22　选择是否激活 XP

⑬接着安装程序要求输入一个平时用来登录计算机的用户名,如图 8-23 所示。最后系统将注销并重新以新用户身份登录,进入 XP 桌面,如图 8-24 所示,至此 Windows XP 安装完成。

　　图 8-23　输入登录计算机的用户名　　　　　图 8-24　Windows XP 安装完成

8.2　Windows Vista 的安装

2007 年 1 月 30 日北京嘉里中心,微软面向普通消费者发售的最新旗舰产品 Windows Vista 操作系统闪亮登场。这仅为全球发布活动的一站,随后,包括中国在内的 70 多个国家和地区、39 000 多家零售渠道店及在线商店同时提供这款产品的销售。

作为新一代操作系统,Windows Vista 实现了技术与应用的创新,在安全可靠、简单清晰、互联互通,以及多媒体方面体现出了全新的构想,并传递出 3C 的特性,帮助用户实现工作效益的最大化。

Windows Vista 提出了以下三个最为重要的特点:

①信心:由于间谍软件和大量的网络蠕虫病毒,使得用户越来越不信任自己的计算机,

Windows Vista 将会为用户带来最好的安全措施,另外,Windows Vista 加入了家长控制的按钮、强大的反钓鱼功能等。

②简明:一方面,Windows Vista 使用户的界面看起来有种半透明效果的水晶感觉,用户可以进行 3D 切换界面和动态预览界面。另一方面,Windows Vista 将会更加有效地处理和归类用户的数据,Windows Vista 将会为用户带来最快捷的个人数据服务,让用户更加快捷地管理自己的信息。

③互联:Windows Vista 会更加紧密、快捷地将所需信息及电子设备进行无缝连接,使所有的计算机和电子设备连为一体。它强调的是信息网络的互联互通。

8.1.2　安装要求

1.硬件需求

按照微软的文档,Windows Vista 目前对 PC 硬件的兼容性认证,分为基本的“Windows Vista Capable”和高级的“Windows Vista Premium Ready”两种。

拥有 Vista Capable 认证的 PC,只保证其能够安装并执行 Vista,至于性能、最终的用户体验度,则不在其考虑之列,因此,其 Vista Capable 认证的硬件要求很低,也许这也是目前许多低端的 PC 或 NB 都在宣称可支持 Windows Vista 的原因。

就微软官方的硬件建议来看,近一两年购买的 PC 只要将内存加到 512 MB,几乎都能符合 Vista Capable 的要求。当然,如果真用这样的最低配置运行,肯定会真正锻炼人的耐心。

(1)Windows Vista Capable 认证的硬件要求

①CPU:频率至少 800 MHz 的处理器;

②RAM:512 MB 系统内存;

③GPU:具备 DirectX 9 的图形处理器(集成或独立显卡)。

拥有 Vista Premium Ready 认证的 PC,表示它适合安装 Home Premium、Business、Ultimate 等 Windows Vista 版本,而且能发挥完整的 Vista 新功能,包括最重要的 Aero Glass 的用户接口。此外,内含 MCE 的 Vista 版本,还必须配合电视卡等相关硬件,才能拿来收看电视。

(2)Windows Vista Premium Ready 的硬件要求

①CPU:频率 1 GHz 的 32 位(x86)或 64 位(x64)处理器;

②RAM:1 GB 系统内存;

③GPU:支持 Windows Aero Glass 特效的图形处理器;

④Graphic RAM:128 MB 的图形内存;

⑤HDD:40 GB 的硬盘容量,至少 15 GB 的可用空间;

⑥其他:DVD-ROM 光驱,标准的声音输出,标准的网络连接等。

应该说,除显卡外,只要不是太旧的 PC,也大多能符合 Premium Ready 需求,重点是要加到 1 GB 内存。

支持 Aero 的显卡要求:

支持 DirectX 9,支持 WDDM　驱动程序(Windows Display Driver Model,Windows,显示驱动模型),硬件支持 Pixel Shader 2.0,支持 32 位真彩色,足够的图形内存,且须要有足够的图形内存频宽(对显存容量的要求:低于 1 280×1 024 屏幕分辨率,只要 64 MB;高于 1 280×1 024 则要至少 128 MB 或以上;如果希望使用 1 800×1 280 以上的宽屏分辨率,那么至少要准备

256 GB显存才能正常运行 Vista）。

毋庸置疑，微软对硬件认证的要求放得很低，这也想让 Windows Vista 的使用范围不致缩得太小，但一般说来，真想将 Vista 上升到目前 XP 的正常性能水平，需要的硬件配置可能要远远高于其认证要求：频率 2.0 GHz 以上双核心 CPU、1 GB DDR2 双通道内存、高端独立显卡（X1600、GeForce 7600 级别以上）。

虽然这样的要求不能算顶级，但也不低了，基本相当于目前的中高端游戏平台。

想知道计算机现有配置能否运行 Vista 的用户，可以访问微软公司的 Windows Vista Get Ready 网站，然后运行 Windows Vista Upgrade Advisor 进行检验。

2．安装方式

Windows Vista 提供了三种安装方法：

①用安装光盘引导启动安装；

②从现有操作系统上全新安装；

③从现有操作系统上升级安装。

下面以安装光盘引导启动安装为例介绍 Windows Vista 的安装过程。另外两种方法和此方法大同小异，故不在此详细说明（本次安装以 Windows Vista 5600 RC1 CHS 的安装为例进行说明）。

8.2.2 Windows Vista 安装全程图解

①启动计算机，并进入到 BIOS 设置界面。在 BIOS 设置界面中，设置光驱是第一引导设备，然后退出 BIOS 设置界面，光盘开始引导计算机，如图 8-25 所示。

②正在启动安装程序，加载 boot.wim，启动 PE 环境，如图 8-26 所示。

图 8-25　Vista 开始安装　　　　　　　　图 8-26　启动界面

③安装程序启动，选择要安装的语言类型，同时选择适合自己的时间和货币显示种类及键盘和输入方式，如图 8-27 所示。

④单击"现在安装"，开始安装，如图 8-28 所示。

⑤输入"产品密钥"，接受许可协议。当然也可以不在这里输入"产品密钥"，而直接单击下一步，这时会出现一个警告，如图 8-29 所示，单击"否"即可。然后在出现的列表中选择你所拥有的密钥代表的版本，同时把下面的复选框选中，如图 8-30 所示。

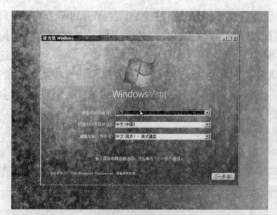

图 8-27 选择安装语言

图 8-28 单击"现在安装"

图 8-29 输入"产品密钥"

图 8-30 选择 Vista 版本

⑥接受许可协议,如图 8-31 所示。

⑦选择安装类型,升级或自定义安装,如图 8-32 所示。不过升级前提是 C 盘剩余空间大于 11 GB(默认 XP 在 C 盘),而且 XP 和 Vista 语言要一致。当然如果选择的是用安装光盘引导启动安装,则升级是不可用的。

图 8-31 接受许可协议

图 8-32 选择安装类型

⑧下面就可以选择 Vista 安装位置了,如图 8-33 所示。安装 Windows Vista 需要一个干净

的大容量分区,否则安装之后分区容量就会变得很紧张。需要特别注意的是,Windows Vista 只能被安装在 NTFS 格式分区下,并且分区剩余空间必须大于 8 GB。如果使用了一些比较不常见的存储子系统,如 SCSI、RAID 或特殊的 SATA 硬盘,如安装程序无法识别硬盘,那么需要在这里提供驱动程序。单击"加载驱动程序"图标,然后按照屏幕上的提示提供驱动程序,即可继续。当然,安装好驱动程序后,可能还需要单击"刷新"按钮让安装程序重新搜索硬盘。如果硬盘是全新的,硬盘上没有任何分区以及数据,还需要在硬盘上创建分区。这时候可以单击"驱动器选项(高级)"按钮新建分区或者删除现有分区(如果是老硬盘的话)。

　　通过"驱动器选项(高级)"项可以方便地进行磁盘操作,如删除、新建分区、格式化分区等等,如图 8-34 所示,可以说 Windows Vista 安装程序为我们提供了一个较为强大的磁盘操作平台。

图 8-33　选择 Vista 安装位置　　　　　　　　图 8-34　驱动器选项(高级)

　　⑨至此,安装过程中所需的信息已经全部收集完毕了,接下来,Windows Vista 会开始"复制 Windows 文件"、"展开文件"、"安装功能"、"安装更新"等一系列操作,如图 8-35 所示,进入安装过程的第一次重新启动,如图 8-36 所示。

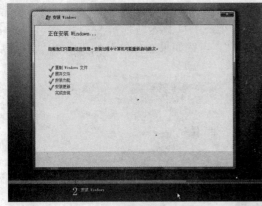　　　　　　　　　

图 8-35　完成"安装更新"　　　　　　　　　图 8-36　重新启动

　　⑩重新启动计算机后,进入"完成安装"阶段,如图 8-37 所示。
　　⑪接着进入 Windows Vista 设置阶段,输入用户名、密码,并选择头像,如图 8-38 所示。
　　⑫接着输入计算机名并选择桌面背景,如图 8-39 所示。
　　⑬选择帮助自动保护 Windows 的方式,如图 8-40 所示,推荐选择第一项。

图 8-37　进入"完成安装"阶段

图 8-38　输入用户名、密码并选择头像

图 8-39　输入计算机名并选择桌面背景

图 8-40　选择帮助自动保护 Windows 的方式

⑭复查时间和日期设置，如图 8-41 所示。

⑮完成设置，准备启动，单击"开始"按钮进入 Windows Vista，如图 8-42 所示。

图 8-41　复查时间和日期设置

图 8-42　进入 Windows Vista

⑯在进入 Windows Vista 之前，还有一个重要的过程，那就是检测计算机性能。同时，在检测过程中，Windows Vista 将会展示 Windows Vista 的全新体验的简介，如图 8-43 所示，至此，Windows Vista 安装完成。

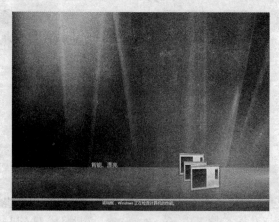

图 8-43　　Vista 检测计算机性能

8.3　多操作系统安装

随着大硬盘和物理内存的降价,越来越多的人有条件在自己的机器上安装双操作系统,甚至是多操作系统。

所谓多操作系统,就是在一台电脑中安装两个及两个以上的操作系统,可以在不同的操作系统中完成相同或不同的任务或应用,满足电脑使用者的各种要求的一种电脑工作方式。

8.3.1　多操作系统的引导原理

先来看看操作系统是如何引导的。当系统加电自检通过以后,硬盘被复位,BIOS 将根据用户指定的启动顺序从软盘、硬盘或光驱进行启动。以从硬盘启动为例,系统 BIOS 将主引导记录读入内存,然后将控制权交给主引导程序。主引导程序检查分区表的状态,寻找活动的分区。最后,由主引导程序将控制权交给活动分区的引导记录,由引导记录加载操作系统。

8.3.2　多操作系统的安装原则

在多个硬盘中实现多重启动比较简单,只要将不同的操作系统安装在不同的硬盘上,然后在 CMOS 中选择从哪个硬盘启动即可进入相应的系统。

对于单硬盘上多操作系统的引导,则主要是通过 Windows 操作系统附带的多重引导功能(即 OS Loader)和 Linux 附带的 LILO(即 Linux Loader)来实现。

多操作系统的安装其实并不难,只要我们在安装时注意以下几点就可以了:

1.磁盘分区格式的选择

分区格式的选择,在很大程度上取决于要安装的操作系统和用户的机器的主要用途。如 Windows 98 不支持 NTFS 的分区格式,而 Windows Vista 又要求必须是 NTFS 的分区格式,对于一般用户而言,选择分区格式应把握以下原则:

①在一块硬盘中,分区格式越少越好,这样便于维护,同时也能很好地实现多系统对各分区的正常访问。

②如果选择 Linux 系统,则只能选择 EXT2 分区格式;而对于 Windows 系列操作系统,则可以有 FAT16/FAT32/NTFS 分区格式可供选择,这时就要视机器的主要用途和安装的操作系统版本来定了,如以游戏娱乐为主,则应选择 FAT32;如果以工作为主,同时又是多用户使用,那么 NTFS 则是最佳选择;而 FAT16 有最大的兼容性,基本上所有的操作系统都能识别。

2.选择合适的磁盘分区

每个操作系统最好安装在一个独立的磁盘驱动器或者分区上,尽量不要多个操作系统放在同一个分区里。如果一定要在同一分区里,最好选择定制安装,不要用自动的典型安装,以便适当地指定操作系统中各软件的路径和目录。由于 Windows 系列操作系统的默认路径及临时文件指向的目录大多相同,高级版本的 Windows 安装程序会在不提示的情况下覆盖旧版本的Windows 文件,从而导致软件的运行不正常或在实际使用过程中出现一些未知故障并严重影响系统的安全和稳定。

3.选择正确的安装顺序

微软的视窗系列操作系统从 Windows 2000 开始,其安装程序都有自动检测和生成多重启动菜单的功能。请注意先安装较低版本的 Windows,再安装相对高版本的 Windows,这样Windows能自动地检测到已经存在的操作系统并自动生成多重启动菜单,如图 8-44 所示,免去用第三方工具软件管理的麻烦。

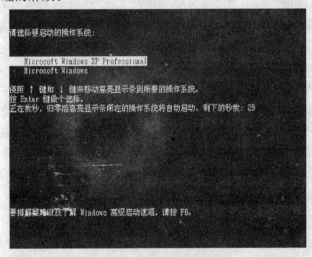

图 8-44　多重启动菜单

从理论上来说,在同一块硬盘上可以安装多个操作系统,但是由于一块硬盘最多只能有 4 个主分区,所以最多就只能在一块硬盘上同时共存 4 个操作系统。

想要同时安装更多操作系统该怎么办呢?可以利用许多系统引导管理工具(如 System Commander 2000、BootStar、MSTBOOT 等)来实现。System Commander 2000 就可以支持在一台计算机中安装多达 100 个以上的不同操作系统。

8.4　驱动程序安装

一般来说,在操作系统安装完成之后紧接着要安装的就是驱动程序了。驱动程序是直接工作在各种硬件设备上的软件,其"驱动"这个名称也十分形象地指明了它的功能。正是通过驱动程序,各种硬件设备才能正常运行,达到既定的工作效果。

8.4.1　驱动程序的作用

从理论上讲,所有的硬件设备都需要安装相应的驱动程序才能正常工作。但像 CPU、内存、主板、软驱、键盘、显示器等设备却并不需要安装驱动程序也可以正常工作,而显卡、声卡、网卡等却一定要安装驱动程序,否则便无法正常工作。这是为什么呢？这主要是由于这些硬件对于一台个人电脑来说是必需的,所以早期的设计人员将这些硬件列为 BIOS 能直接支持的硬件。换句话说,上述硬件安装后就可以被 BIOS 和操作系统直接支持,不再需要安装驱动程序。从这个角度来说,BIOS 也是一种驱动程序。但是对于其他的硬件,如网卡、声卡、显卡等却必须要安装驱动程序,不然这些硬件就无法正常工作。

8.4.2　驱动程序的获取

既然驱动程序有着如此重要的作用,那该如何取得相关硬件设备的驱动程序呢？这主要有以下几种途径：

1.使用操作系统提供的驱动程序

Windows 操作系统中已经附带了大量的通用驱动程序,这样在安装系统后,无须单独安装驱动程序就能使这些硬件设备正常运行。不过操作系统附带的驱动程序总是有限的,所以在很多时候系统附带的驱动程序并不合用,这时就需要手动来安装驱动程序了。

我们前面讲过,操作系统已经包了很多常用的硬件设备,如鼠标、键盘等设备的驱动程序,而高版本的操作系统甚至还包含了很多显卡、声卡和网卡等设备的驱动程序——原则上是:操作系统的版本越高,兼容的硬件设备也就越多。

不过前面同样讲过,硬件的更新总是领先于操作系统版本的更新,并且硬件厂商为了提高其硬件产品的性能和兼容性,也在不停地发布新版本的驱动程序,所以操作系统包含的驱动程序版本一般较低,不能完全发挥这些硬件的性能和提高它们的兼容性。因此,我们一般只有在无法通过其他途径获得专用驱动程序的情况下,才使用操作系统提供的驱动程序。

2.使用硬件厂商提供的驱动程序盘

一般来说,各种硬件设备的生产厂商都会针对自己硬件设备的特点开发专门的驱动程序,并采用软盘或光盘的形式在销售硬件设备的同时一并免费提供给用户。这些由设备厂商直接开发的驱动程序都有较强的针对性,它们的性能无疑比操作系统附带的驱动程序要高一些。

我们在购买硬件设备时都会提供有配套光盘或者软盘,这些光盘或软盘中就有该硬件设备的驱动程序。不过我们并不推荐大家　直使用配套盘的驱动程序,因为一般配套盘中的驱动程序都是硬件刚推出时的旧版本,而有实力的厂商,都会定期更新驱动程序并提供给他们的用户。在硬件从发售到退出历史舞台的过程中,不断进行着最优化开发的新驱动就会不断地涌现,而我们手中硬件的性能(包括兼容性、稳定性和速度)也会随着驱动的升级而不断地趋于完美,并且还会带来更多的功能,所以对于配套盘的驱动程序,该“抛弃”时就“抛弃”。

3.通过网络下载

除了购买硬件时附带的驱动程序盘之外,许多硬件厂商还会将相关驱动程序放到网上供用户下载。由于这些驱动程序大多是硬件厂商最新推出的升级版本,它们的性能及稳定性无疑比用户驱动程序盘中的驱动程序更好,有上网条件的用户应经常下载这些最新的硬件驱动程序,以便对系统进行升级。

由于硬件厂商会经常更新其驱动程序,网络也就成了最迅速最省成本的发布途径。驱动程序是硬件产品的必需附属物,所以到该硬件设备的官方网站就可以下载所对应的驱动程序。但是这样有时也非常麻烦,因为我们的硬件经常来自不同的厂商,访问多个不同的网址并且寻找适合的驱动犹如大海捞针,更何况不少厂商都是属于外国公司,要和满屏的英文打交道。所以推荐大家到国内的专业驱动下载网站——"驱动之家"(网址是 http://www.mydrivers.com)——下载驱动程序,"驱动之家"收集了当前绝大多数硬件产品的驱动程序,而且更新速度基本和厂商同步。

8.4.3　驱动程序的安装顺序

驱动程序的安装顺序非常重要,它不仅跟系统的正常稳定运行有很大的关系,而且还会对系统的性能有巨大影响。在平常的使用中因为驱动程序的安装顺序不同,造成系统程序不稳定,经常出现错误现象,重新启动计算机甚至黑屏、死机的情况并不少见。不正确的安装顺序也会造成系统的性能大幅下降。

各种驱动程序安装的顺序比较普遍的是:

第一步,安装操作系统后,首先应该装上操作系统的 Service Pack(SP)补丁。我们知道驱动程序直接面对的是操作系统与硬件,所以首先应该用 SP 补丁解决操作系统的兼容性问题,这样才能尽量确保操作系统和驱动程序的无缝结合。

第二步,安装主板驱动。这里所谓的主板驱动在很多时候指的就是芯片组的驱动程序,主板驱动主要用来开启主板芯片组内置功能及特性,主板驱动里一般是主板识别和管理硬盘的 IDE 驱动程序或补丁,比如 Intel 芯片组的 INF 驱动和 VIA 的 4in1 补丁等。如果还包含有 AGP 补丁的话,一定要先安装完 IDE 驱动再安装 AGP 补丁,这一步很重要,也是很多造成系统不稳定的直接原因。

第三步,安装 DirectX 驱动。这里一般推荐安装最新版本,目前 DirectX 的最新版本是 DirectX 10。可能有些用户会认为:"我的显卡并不支持 DirectX 10,没有必要安装 DirectX 10",其实这是一个错误的认识,把 DirectX 等同了 Direct 3D。

DirectX 是微软嵌在操作系统上的应用程序接口(API),DirectX 由显示部分、声音部分、输入部分和网络部分四大部分组成,显示部分又分为 Direct Draw(负责 2D 加速)和 Direct 3D(负责 3D 加速),所以说 Direct 3D 只是它其中的一小部分而已。

而新版本的 DirectX 改善的不仅仅是显示部分,其声音部分能带来更好的声效;输入部分能支持更多的游戏输入设备,并在对这些设备的识别与驱动上更加细致,充分发挥设备的最佳状态和全部功能;网络部分增强了计算机的网络连接,提供更多的连接方式。只不过是 DirectX 在显示部分的改进比较大,也更引人关注,才忽略了其他部分的功劳,所以安装新版本的 DirectX 的意义并不仅是在显示部分。当然,有兼容性问题时另当别论。

第四步,安装各种板卡驱动。在安装完主板驱动之后,接着要安装的是各种插在主板上的板卡的驱动程序。如显卡、声卡、网卡等。

第五步,安装各种外设驱动。最后,安装打印机、扫描仪、摄像头等这些外设驱动。

这样的安装顺序就能使系统文件合理搭配、协同工作,充分发挥系统的整体性能。

另外,显示器、键盘和鼠标等设备也是有专门的驱动程序的,特别是一些品牌比较好的产品。虽然不用安装它们也可以被系统正确识别并使用,但是安装上这些驱动程序后,能增加一些额外的功能并提高稳定性和易用性。

如微软的鼠标驱动 IntelliPoint,不仅可以自己重新定义鼠标每一个按键的功能,还能调节鼠标的移动速度,如图 8-45 所示。这点对一些游戏玩家来说十分重要,比如,玩 FPS 游戏时能否迅速准确地把准星定位在敌人的头上,取决于对鼠标移动速度的把握。

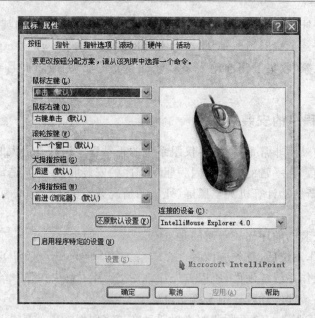

图 8-45　安装专用驱动后的鼠标属性设置

8.4.4　驱动程序的安装

把所有要安装的驱动程序都准备好后,就可以开始安装驱动程序了。驱动程序的安装方法也有很多种,具体如下:

1. 双击 Setup.exe 安装

现在硬件厂商已经越来越注重其产品的人性化,其中就包括将驱动程序的安装尽量简单化,所以很多驱动程序里都带有一个"Setup.exe"可执行文件,只要双击它,然后一路"Next(下一步)"就可以完成驱动程序的安装。有些硬件厂商提供的驱动程序光盘中加入了 Autorun 自启动文件,只要将光盘放入到电脑的光驱中,光盘便会自动启动。

然后在启动界面中单击或双击相应的驱动程序名称就可以自动开始安装过程,这种人性化的设计使安装驱动程序非常的方便。

如要安装主板驱动程序(如 IDE 补丁),方法如下:

下载主板驱动程序,双击安装文件"Setup.exe"即可运行。在出现的欢迎对话框中,单击"下一步"按钮,如图 8-46 所示。在安装完成后需要重新启动计算机。

重新启动计算机后,右键单击"我的电脑",选择"属性"命令,打开"系统属性"对话框。单击"硬件"选项卡,然后单击"设备管理器"按钮,以打开相应对话框。在设备管理器中可以检查驱动程序安装成功与否,单击"IDE ATA/ATAPI 控制器"选项,看到"Intel(R)82801DB……"选项,即表示安装成功,如图 8-47 所示。

其实,各种芯片组驱动程序的安装都是大同小异的。其安装过程也是标准的 Windows 程序安装方式,只是主板驱动程序安装后需要重启计算机。

2. 从设备管理器里自己指定安装

如果驱动程序文件里没有 Autorun 自启动也没有"Setup.exe"可执行安装文件,怎么办? 这时我们就要自己指定驱动程序文件,手动安装了。

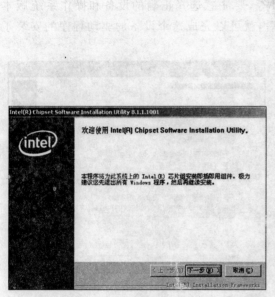

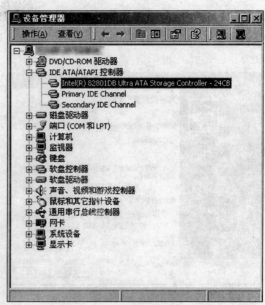

图 8-46　安装主板驱动程序　　　　　　　　　　　图 8-47　查看主板驱动是否安装成功

　　我们可以在设备管理器中自己指定驱动程序的位置，然后，进行安装。当然，运用这个方法时要事先准备好所要安装的驱动程序。该方法还适用于更新新版本的驱动程序。

　　首先从控制面板打开"系统属性"，然后依次选择"硬件"→"设备管理器"，如图 8-48 所示。图中网卡是没有安装驱动程序的设备，其前面会有"!"标示。右键单击该设备，然后选择"更新驱动程序"，如图 8-49 所示。

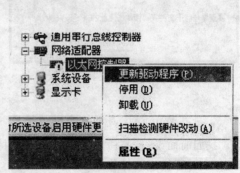

图 8-48　设备管理器　　　　　　　　　　　　图 8-49　选择"更新驱动程序"

　　接着就会弹出一个"硬件更新向导"对话框，如图 8-50 所示，在了解其型号和驱动程序的情况下选择"从列表或指定位置安装"。如果驱动程序在光盘或软盘里，在接着弹出的对话框里选中"搜索可移动媒体"复选框即可；如果在硬盘里，则选中"在搜索中包括这个位置"复选框，如图 8-51所示。

　　然后单击"浏览"按钮，找到准备好的驱动程序文件夹，如图 8-52 所示，要注意的是很多硬件厂商会把其生产的很多类型的硬件设备驱动都放在一张盘中，而且还会有不同的操作系统版本,如 For Win 2K(Win 2000)和 For WinXP 等,要注意选择正确的设备和操作系统版本。单击"确定"之后,单击"下一步"即可。片刻之后,就可以完成这个设备的驱动程序的安装了,如图 8-53 所示。

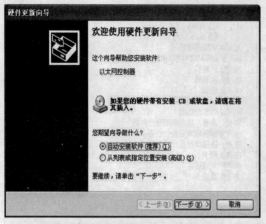

图 8-50　"硬件更新向导"对话框

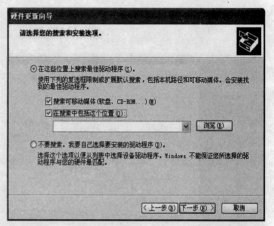

图 8-51　请选择您的搜索和安装选项

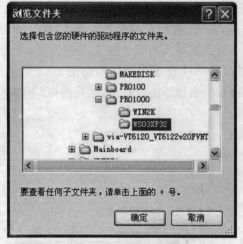

图 8-52　指定驱动程序所在文件夹

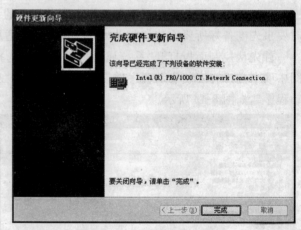

图 8-53　驱动程序安装完成

3. 利用 Windows 自动搜索驱动程序

我们前面说过,高版本的操作系统支持即插即用(PnP),所以,当我们安装了新设备后启动电脑,在计算机进入操作系统(如 Windows)时,若用户安装的硬件设备支持即插即用功能,则系统会自动进行检测新设备,当 Windows 检测到新的硬件设备时,会弹出"找到新的硬件向导"对话框,如图 8-54 所示。

首先可尝试让其自动安装驱动程序,选择"自动安装软件",然后单击"下一步",如果操作系统里包含了该设备的驱动程序,操作系统就会自动安装上;如果没有,就无法安装这个硬件设备,如图 8-55 所示。

这时我们就要自己来指定驱动程序文件的位置。单击"上一步"回到刚才的"找到新的硬件向导"对话框,选择"从列表或指定位置安装",单击"下一步",接下来的步骤与使用"设备管理器"的"硬件更新向导"相同,自己指定驱动程序的位置,然后安装即可。

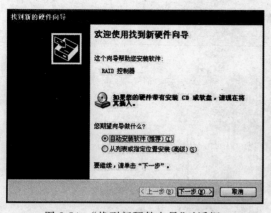

图 8-54 "找到新硬件向导"对话框

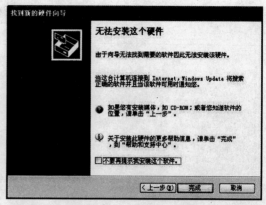

图 8-55 无法安装硬件设备

8.5 实　　训

安装 Windows XP/Vista 操作系统和常用驱动程序

【目的与要求】

1. 了解 Windows XP/Vista 的安装注意事项。

2. 掌握 Windows XP/Vista 的安装过程。

3. 掌握驱动程序的安装顺序与方法。

【实训内容】

1. 选择一款操作系统(Windows XP 或 Windows Vista)进行安装。

2. 安装操作系统的 Service Pack 补丁。

3. 安装主板驱动。

4. 安装 DirectX 驱动。

5. 安装显卡、声卡驱动。

8.6 习　　题

1. 安装 Windows Vista 的最低配置要求是什么?

2. 简述安装 Windows XP 的过程。

3. 为什么要安装驱动程序?

4. 简述驱动程序的安装顺序。

5. 多操作系统的安装原则是什么?

第三部分

维护篇

第三部分

珠算

第9章 系统优化

【学习要点】 避免计算机各配件的不合理搭配；手动优化系统方法；使用 Windows 优化大师优化系统。

用户一般都希望自己的计算机开机和运行速度飞快，而忍受不了由于速度慢而造成的漫长等待。为此，大家都在不遗余力地升级自己的电脑，追求高性能、高配置、高价格的电脑。然而，即便这样，很多人的电脑速度依然快不起来，这是为什么呢？通过本章学习，相信大家会得到一个满意的答案。

9.1 计算机运行速度剖析

俗语有"知己知彼，百战不殆"。要想提高计算机的运行速度，首先就要搞清楚制约计算机运行速度的根源在哪里，下面我们就对计算机的运行速度进行剖析。

9.1.1 系统资源与内存

1. 系统"资源"剖析

大家都知道，除了 CPU，内存是影响计算机运行速度的最主要因素。然而，计算机在安装了大容量内存后，系统、程序运行效率没有得到大幅度提高，甚至还经常会出现系统资源不足的情况，这是为什么呢？这是因为系统本身运行机制限制了其管理和运用硬件资源的能力。所以，纵然硬件资源丰厚，如果超出了 Windows 管理的范围，那么其性能也不会得到明显的提升。想要知道为什么系统速度提升不再明显，必须先理解 Windows 怎样使用内存。这里要涉及一个概念——资源。

这不是平时所说的 CPU 资源、内存资源或统一的系统资源，这里要讲的"资源"是程序可以操纵的 Windows 物件。举例来说，屏幕上显示的每个窗口都是一个资源，每幅图片也都可以是一个资源。如果一个应用程序打开了磁盘上的一个文件，那么这个被打开的文件也是一个资源。以此类推。

如果一个应用程序需要使用一个资源，它就会向操作系统提出请求，要求新建一个或从存储器里调用。于是，Windows 立即按要求创建或调用这个资源进内存，然后反馈给应用程序一个"代号"，此后，需要用到这个资源时，应用程序都用 Windows 反馈的代号代表这个资源。最后，当应用程序不需要该资源的时候，它会要求 Windows 去除这个资源。

那么这个代号是依据什么标准生成的呢？在绝大多数操作系统中，它是靠一种叫做"指针"的东西来确定的。就像每个地区都有邮政编码一样，每一块可以存储数据的内存空间都有一个地址，称为"指针"，实际就是代表这个存储空间的一串数字。

在计算机中，这种指针有 4 个字节长。所以如果一个应用程序需要给内存里的某个数据配一个指针,那就需要 4 字节的内存空间。这样的工作方式给早期的 Windows 设计者带来了不小的麻烦,因为那时制作工艺尚不发达,内存非常昂贵,大多数电脑只能配置 4 MB 的内存。在内存如此紧张的情况下,一个应用程序却经常需要用到几百万个资源。要用这些资源,就要给每个资源配发一个指针。每个指针占据 4 个字节,几百万个指针就会消耗掉数量可观的一块内存空间。

所以,Windows 设计者采用了另外一种替代方案——创建资源表,就是把当前调入内存的所有资源的信息登记到一个清单上。这样一来,当应用程序要求系统调用一个资源时,系统调用后就不给它配发指针了,而是直接告诉应用程序该资源在资源表中的序号。因为需要的不再是内存地址,所以就可以用一个只需占用 2 字节的数字表示。这虽然只是两个字节的差距,但当一台电脑上只有几 MB 的内存,而其运行的程序动辄要调用大量资源时,这两字节的差距就会带来很大的优势。

但这种方法也有其弊端——2 字节能够表现的不同数字非常有限。于是,前面我们讲的资源表就不能无限地拉长。其中的序号最多只有 65 536 个。新的问题是:当调用了 65 536 个资源后,再想调用更多的资源,纵然内存空间还有 1 GB,足以存储数百亿个资源,但只有 2 字节的资源表却无法生成更多的序号。没有序号,就意味着无法将各资源区分开来,应用程序自然无法使用这些没有"户口"的资源。事实上,因为没有序号可用,系统根本无法同时调用 65 536 个以上的资源。

但在大多数电脑只配置几 MB 内存的年代,要同时调用数十万个资源根本是不可能的。所以当时的 Windows 设计者们没有考虑到这个问题,果断地选用了资源表,选用了 2 字节序号。

今天,内存便宜了,资源表和 2 字节序号虽然节省了内存空间,但它带来的坏处却远远超过了它带来的好处。我们有足够的内存空间,可以调用数百万个资源,但资源表里面只有 65 536 个序号。所以同一时间内,内存中只能有 65 536 个资源可用,即使还有 1 GB 内存空间可用,也只能闲着。

2. 真正"耗资源"的是谁

明白了上面的道理,就不难分辨除了大个文件、大个程序外,真正消耗系统资源的是哪些程序了。

①调用大量细小资源,把桌面装饰得花里胡哨的软件。

②各种多媒体播放软件。

③监视系统的工具软件。

④能在字体菜单里面预览字体的应用程序(如 MS Office)。

另外,在 Windows 9x/Me 中运行 16 位程序(如 DOS 程序)时,Windows 会划定一块内存供所有这类程序使用。除非所有 16 位程序都已经关闭,否则这块内存是不会被释放的。

3. 大内存的优势到底在哪里

难道大内存就没有作用了吗?当然不是。当一个应用程序被启动后,Windows 的一些组件也随之被启动,这是很常见的事情。当应用程序被关闭时,Windows 会保留那些组件不关闭,因为可能很快还要用到。同理,程序启动时调进内存的少数资源,也不会随着程序关闭而退出内存。

这时,大内存的优势表现在:一方面,大内存可以一次性容纳大量数据,减少使用性能远不如内存的硬盘作为虚拟内存使用的几率,提高数据调用速度;另一方面,关闭程序以后,更

多的常用数据会有充足的空间保留在内存中不被清除。一旦重启程序,便会发现明显比使用
小内存时快。

9.1.2　合理搭配硬件,防止"大马拉小车"

组装一台计算机在现在来说已经不是一个高科技的工作,由于电脑硬件日趋集成化、人性
化,简单的安插就可以完成一台电脑的组合,组装一台电脑的难度和时间大幅度降低。但是组装
计算机真正需要注意的是在搭配硬件上,一台计算机搭配是否合理将直接影响到整机的性
能发挥。

很多用户在搭配电脑硬件时都存在一定的误区,总是在单一硬件上花费大量资金,在其他硬
件上进行削减,以为这样整机性能就会提升。其实这个观点是错误的,一台电脑是由多个硬件组
合而成,硬件之间是相辅相成的,好比一个木桶由多个木片围成,每一个木片就是我们的电脑硬
件,这个时候虽然大部分木片都很高,只有其中一个木片低,那么这个木桶所能够承载的水的高度
最高也只能到最低木板的位置,也就是说,如果其他硬件性能好,但是有一个硬件性能弱的话,那
么整机性能都只能够达到最低硬件的性能。

从这方面来看,选择一套平衡的整机平台是十分必要的。下面是目前最常见的六种不合理
搭配,希望大家能从中举一反三,有所收获。

1.高端 CPU 与集成显卡的搭配

高端 CPU 与集成显卡的这种不合理搭配是最常见的一种情况。许多用户在购买电脑时
(无论是品牌机还是 DIY)往往注重的只是 CPU 的速度,而忽视其他的部件,以为只要 CPU 的
速度足够快,就万事大吉了,同时由于受到预算经费的限制,在选购了高端 CPU 的同时选购了
集成显卡,而这种做法其实是非常不妥当的。

在主板上集成显卡的初衷是面向低端市场的,希望用集成显卡和低端 CPU 组合成低价的
电脑。典型的组合应是赛扬与其组合,而绝非高端 CPU。

在高端 CPU 系统中采用集成显卡虽说不会产生故障,但是却大大阻碍了高端 CPU 性能的
发挥,给人一种"王子穿了乞丐装"的感觉。与其这样的话,还不如采用低端 CPU,将钱省下加条
内存或换个高速硬盘。

2.软声卡与高端音响的搭配

目前大多数的主板上都集成了 AC'97 的软声卡,对于大多数用户来说,AC'97 的软声卡已
经足够满足我们的日常应用了。但是有一些用户却给软声卡配上了价格不菲的高端音响,希望
能够得到好的音质,而这样做也是一种不合理的搭配。

电脑系统中音质的优劣首先是由声卡决定的,如果声卡不好,即使音响用得再高级也是没有
用的。虽说目前软声卡的技术得到了很大的提高,但是就其性能而言仍属低端,音响用得再好也
不可能得到"天籁之音",因此软声卡用高端音响属于浪费行为。如果选用了软声卡的话,建议用
150~200 元的音响,再贵的就是浪费了;而如果真的希望能够得到好的音质的话,则建议使用独
立的高性能声卡和 500 元以上的中高端音响。

3.高端显卡与液晶显示器的搭配

高端显卡与液晶显示器这种搭配说它不合理初看上去似乎难以接受,然而这种搭配的确是
属于不合理的搭配。

用户选用高端显卡毫无疑问是为了追求高速,而目前追求高速的目的主要是两种应用:游戏

发烧友玩高速 3D 游戏,专业用户用来进行平面设计或制作动画。然而液晶显示器目前最大的问题在于它的色彩不如 CRT 显示器,反应速度较慢,对于高速的应用要求会造成拖尾的现象,这也是绝大多数用户无法忍受的。

因此,如果你是一位游戏发烧友或专业平面设计或动画制作者,已经重金购买了一块高端显卡的话,最好再买一款高端的大屏幕 CRT 显示器。

4. DVD 与软声卡的搭配

目前 DVD 的价格是一降再降,许多用户都选购了 DVD 光驱。不过在选用了 DVD 之后仍使用软声卡的话,则或多或少给人一些"不和谐"的感觉。

众所周知,DVD 的优势除了清晰的画质以外还有逼真、令人震撼的多声道音效,而软声卡由于受到先天条件的限制,是无法将 DVD 中的音效表现得淋漓尽致的,这样的话,大家在欣赏 DVD 时多少会有一些遗憾。

5. 高端 CPU 与低速硬盘的搭配

目前的 CPU 速度的提升可谓是一日千里,而硬盘的速度涨幅并不显著,因此目前硬盘的速度已经成了整个系统的一个薄弱环节,而这一点对于采用了高端 CPU 的系统更是如此。因此如果在高端 CPU 系统中仍采用低速硬盘,这种瓶颈效应就更加明显了。因此在目前的电脑配置中应尽可能使用 SATA 高速硬盘,如果能够选用 8 MB 以上缓存的产品则更佳。

6. 高能耗系统与低功率电源的搭配

目前电脑系统的部件随着性能的提高,用电量也是日益飙升,有的用户更是装上了双硬盘、双光驱,可是一些用户在追求部件高性能的同时却忽视了电源的额定值。

众所周知,任何电源都有它的额定负荷值,由于早期电脑部件的耗电量不大,一般不会超过额定值,因此大多用户不是非常注意电源的选购,但是随着各个电脑部件耗电量的增大,电源额定值就显得非常重要,因此如果系统超过了电源的额定值,将会给电脑带来意想不到的故障。在选购时应了解一下整个系统的耗电量情况,然后选择一个合适的电源,不要为了省钱而采用低功率的电源,从而给系统的稳定性留下隐患。

因此,对用户来说,搭配的合理才是最重要的,只有合理的搭配才能使系统发挥出最佳的性能。

9.1.3　理性选择软件,避免资源浪费

随着 PC 产业的飞速发展,电脑硬件设备的不断升级,各类软件也在不断改进、更新版本。然而,许多新版本软件虽然有着更多更完善的功能,但其体积越来越臃肿,占用资源越来越多,广告也越来越多,甚至有的还捆绑插件。相比之下,旧版本软件就显得"单纯"许多,如无广告、无插件、占用资源少等,而且在功能上已能满足用户的基本需求。其实,对我们广大用户来说,用软件无须一味求新,够用够好就行。

比如经典的图片工具 ACDSee 是比较流行的数字图像浏览、处理软件,支持幻灯显示、缩略图、预览及多种图像格式转换,是看图的最佳选择。现在 ACDSee 已经发布 9.0 版本了,但我们仍然推荐大家使用 ACDSee 3.1 这一经典版本,因为在功能上,它已经足够满足人们的日常需要,而且打开的速度比后继版本要快得多,内存占用也比较少,文件体积更是小巧,只有区区几 MB。当然,这样的例子还有很多,只要大家在安装软件时注意选择就行了。

9.2　手动优化系统

很多用户的计算机开机缓慢或者用着用着就越来越慢。其实有些时候 Windows 系统速度缓慢并不是它本身的问题，而是一些设备或软件造成的。下面就从软件、硬件和病毒三大方面来分析系统速度变慢的原因，并且提供了一些针对系统的优化加速技巧。

9.2.1　软件

1.设定虚拟内存

一般 Windows 预设的是由系统自行管理虚拟内存，它会因不同程序的需要而自动调整虚拟内存的大小，但这样的变化会给系统带来额外的负担，令系统运行变慢。因此，用户最好自己设定虚拟内存的大小，并且让最小值和最大值一致，避免经常变换大小。

另外，经常看到不少文章介绍，在有了大内存后，就可以将虚拟内存禁用掉。其实不然，比如：Windows98/Me 对大于 512 MB 的内存管理上存在缺陷，大于这个数量的内存，Windows98/Me 会出现不稳定及启动速度变慢的情况。如果使用了大内存加上禁用虚拟内存，不稳定因素将会进一步增加。

再有，Windows 本身的设计是，一旦发现有的进程转入不活动状态，就会把分配给它的内存空间映射到虚拟内存中，尽可能空出物理内存给其他活动的进程，并不是在用完物理内存后才开始动用虚拟内存。因为如果等到物理内存用完再调用，就已经太迟了。在配置较低的电脑上势必造成数据传输和处理停滞。所以禁止虚拟内存从原则上来讲，最易引起 Windows 异常，即使不出现运行不了的故障，也会出现频繁提示虚拟内存不够，请重新设置等现象。

2.不要随便安装、卸载程序

绝大多数软件都有卸载程序，安装后可允许用户自行卸载。但很多软件由于设计上的缺陷或其他原因，卸载时只会删除程序本身，而不会删除该程序的一些注册表信息和写入系统目录中的很多文件。久而久之就会使系统变得越来越臃肿，速度越来越慢。因此，除非必需，平时不要随便安装或试用各种软件。另外，若要彻底删除程序，可找些"专业"软件来帮忙，比如 Symantec 公司出品的 Norton Uninstall 或 CleanSweep。

3.删除不常用的字体

虽然微软声称 Windows 操作系统可以安装 1 000～1 500 种字体，但实际上当用户安装的字体超过 500 种时，就会出现问题，比如，字体从应用程序的字体列表中消失及 Windows 的启动速度大幅下降。因此建议最好将用不到或者不常用的字体删除，为避免删除后发生意外，可先进行必要的备份。

4.桌面不要放太多图标

桌面上有太多图标也会降低系统启动速度。Windows 每次启动并显示桌面时，都需要逐个查找桌面快捷方式的图标并加载它们，图标越多，所花费的时间当然就越长。建议大家将不常用的桌面图标放到一个专门的文件夹中或者干脆删除。

5.关闭杀毒软件的启动扫描功能

多数杀毒软件提供了系统启动扫描功能，这将会耗费非常多的时间，其实如果用户已经打开了杀毒软件的实时监视功能,那么启动时扫描系统就显得有些多余,因此应关闭杀毒软件的启动扫描功能。

6.删除自启动程序

何谓自启动程序呢?自启动程序就是在开机时加载的程序。自启动程序不但拖慢开机时的速度,而且更快地消耗计算机资源及内存,一般来说,如果想删除自启动程序,可去"启动"组中删除,但有些程序如 QQ 等是不能在"启动"组删除的,可以在"运行"对话框中输入"msconfig"调用"系统配置实用程序"来终止自启动程序,Windows 2000 系统需要从 Windows XP 中复制msconfig 程序使用。

7.定期进行磁盘清理和整理磁盘碎片

具体操作过程参见第 10 章,在此不再详述。

9.2.2　硬件

1.硬件驱动程序要装对、装全

前面已经说过,驱动程序是否安装及安装得是否正确不仅跟系统的正常稳定运行有很大的关系,而且还会对系统的性能有巨大影响。尤其是主板驱动、DirectX 驱动、显示器、键盘和鼠标等设备的驱动最容易被用户忽略,因为很多时候以上驱动程序即使不安装,系统也能照常运行,但效率和性能却要大打折扣了。比如早期的主板驱动里一般是主板识别和管理硬盘的 IDE 驱动程序或补丁,如果不安装,硬盘的速度会受到很大的影响。

2.CPU 风扇是否正常运转

当 CPU 风扇转速变慢时,CPU 本身的温度就会升高,为了保护 CPU 的安全,CPU 就会自动降低运行频率,从而导致计算机运行速度变慢。

主板的驱动程序光盘中一般都附带有探测 CPU 温度的小程序,安装后可以实时查看 CPU的温度。另外,在 BIOS 中也可以实时查看 CPU 的温度。因为 CPU 的种类和型号不同,合适的温度也各不相同。但是总的来说,温度应该低于 110 ℃。如果发现 CPU 的温度高于这个温度,应检查一下机箱内的风扇是否正常运转。

3.光盘和 USB 设备造成的影响

由于 Windows 启动时会对各个驱动器(包括光驱)进行检测,因此,如果光驱中放置了光盘,也会延长计算机的启动时间。另外,如果计算机启动时已经连接了 USB 设备,也会对计算机启动速度有较明显的影响,因此应该尽量在启动后再连接 USB 设备。

4.网卡造成的影响

如设置不当,网卡也会明显影响系统启动速度。如果用户的电脑连接在局域网内,安装好网卡驱动程序后,默认情况下系统会自动通过 DHCP 来获得 IP 地址,但大多数公司的局域网并没有 DHCP 服务器,因此如果用户设置成"自动获得 IP 地址",系统在启动时就会不断地在网络中搜索 DHCP 服务器,直到获得 IP 地址或超时,自然就影响了启动时间,因此局域网用户最好为自己的电脑指定固定 IP 地址。

9.2.3　病毒

如果计算机感染了病毒,其系统的运行速度会大幅度变慢。病毒入侵后,首先占领内存这个据点,然后便以此为根据地在内存中开始漫无休止地复制自己,很快就占用了系统大量的内存,导致正常程序运行时因缺少内存而变慢,甚至不能启动。同时病毒程序会迫使 CPU 执行无用的垃圾程序,使得系统始终处于忙碌状态,从而影响正常程序的运行,导致计算机速度变慢。因此,在计算机上一定要安装杀毒软件并及时升级,以防止感染病毒。

9.3　使用工具软件对系统进行优化

9.3.1　Windows 优化大师

Windows 优化大师是一款优秀的系统优化软件,由共软网络出品,适用于 Windows 98/Me/2000/XP/2003/Vista 操作系统平台,能自动检测用户的操作系统并在不同的操作系统下向用户提供不同的功能模块及选项。它功能强大,能够为电脑系统提供全面有效、简便安全的优化、清理和维护手段,让其始终保持在最佳状态。

因为 Windows 优化大师的功能很多,这里只能就一些常用的功能加以介绍。

Windows 优化大师 7.76 版的主界面如图 9-1 所示。

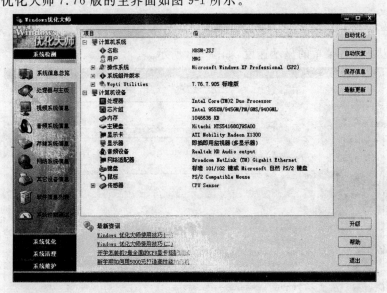

图 9-1　Windows 优化大师主界面

运行程序以后,它首先显示出计算机当前的系统信息。在系统信息中,Windows 优化大师可以检测系统的一些硬件和软件信息,如 CPU 信息、内存信息等。

Windows 优化大师的各项优化功能主要在"系统优化"栏目下实现。

1. 磁盘缓存优化

在 Windows 优化大师主界面上单击左侧的"系统优化"栏目,打开系统优化各功能项。此时画面将自动转到"磁盘缓存优化"窗口,如图 9-2 所示。

在该窗口中,用户可以通过拖动滑块对磁盘缓存调整其大小,可以调整内存性能配置,可以设定关闭无响应程序的等待时间,可以设置让较多的 CPU 时间来运行应用程序或者后台服务等。

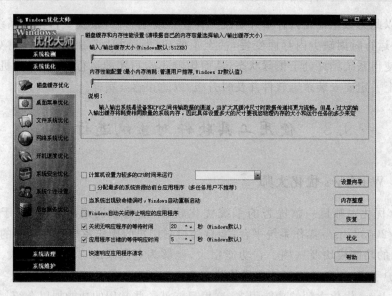

图 9-2　"磁盘缓存优化"界面

2. 桌面菜单优化

此功能可以加速各菜单的显示速度，如图 9-3 所示。

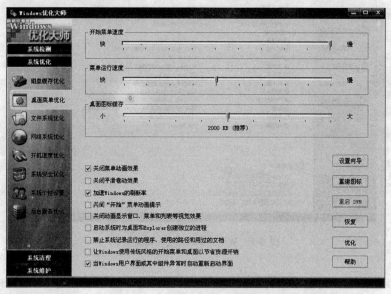

图 9-3　"桌面菜单优化"界面

◆ "开始菜单速度"的优化可以加快开始菜单的运行速度。

◆ "菜单运行速度"的优化可以加快所有菜单的运行速度。

◆ "桌面图标缓存"的优化可以提高桌面上图标的显示速度。

另外，建议选择"加速 Windows 的刷新率"，这样可以让 Windows 具备自动刷新功能。还可以关闭"菜单动画效果"、关闭"动画显示窗口、菜单和列表等视觉效果"等这些用得不是很多的效果，以提高 Windows 的运行速度。

3. 开机速度优化

此功能可以加快开机速度，如图 9-4 所示。

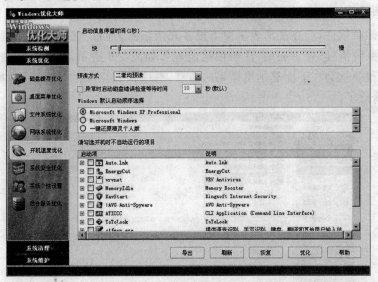

图 9-4　"开机速度优化"界面

首先调整"启动信息停留时间"，如果安装的是多操作系统，还可以在"Windows 默认启动顺序选择"中选中经常使用的那一个操作系统，最后在"请勾选开机时不自动运行的项目"项中选择那些用的比较少的程序，选择好后单击"优化"按钮就可以了。

4. 系统安全优化

"系统安全优化"可以加强系统安全，如图 9-5 所示。

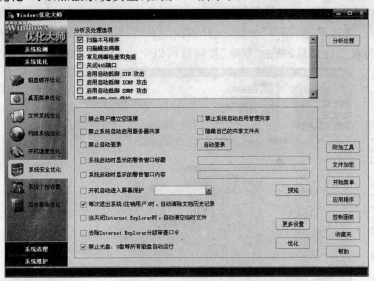

图 9-5　"系统安全优化"界面

为了安全，建议选中"禁止自动登录"、"禁止光盘、U 盘等所有磁盘自动运行"等项。如果需要进行更详细的安全设置，可以单击"更多设置"，在这里可以根据需要隐藏驱动器、禁用注册表等。除此之外,在系统安全优化中还提供了一些附加工具供我们使用,包括了"端口分析"、"IE插件管理"等工具,通过这些工具的使用可以有效地防范黑客的侵入。

　　5.注册信息清理

　　经常安装、卸载软件,会在注册表里留下很多冗余信息,通过"注册信息清理"就可以将这些删除掉。打开"系统清理"项下面的"注册信息清理",如图 9-6 所示,选中要扫描的分支,然后单击"扫描"按钮,很快就会在下面显示出错误的信息,选中检查出来的错误信息,单击"删除"按钮就可以将错误清除了。

图 9-6　"注册信息清理"界面

　　6.磁盘文件管理

　　如图 9-7 所示,在"磁盘文件管理"对话框的上方选中要扫描的磁盘分区,然后设置"扫描选项"及"删除选项",然后单击"扫描"按钮,这样,符合扫描选项的内容就会在"扫描结果"中显示出来,选中相应的垃圾文件信息,单击"删除"按钮就可以完成文件的删除了。

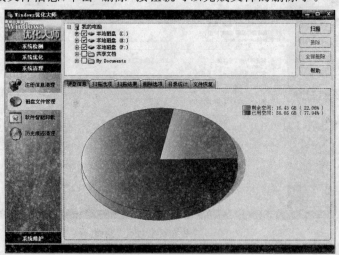

图 9-7　"磁盘文件管理"界面

Windows 优化大师还有很多很强大的功能,大家从窗口上的内容就可以看出来,不过在使用的时候也要注意,对系统进行优化要适当,不然很容易造成系统的不稳定。

9.3.2 超级兔子

修改 Windows 可以说是一件乐事,但是一旦弄错了什么,可能就会使整个 Windows 出现故障,这也是大多数人所害怕的。如今,已经有不少专门的软件可以完成这项工作,没有任何修改知识的人员也能对 Windows 进行一番改造。而"超级兔子"正是一款专为初学电脑用户制作的、安全的系统优化软件,如图 9-8 所示。

图 9-8 "超级兔子"界面

"超级兔子"采用向导式操作方式,每一个操作步骤均有详细的解释和优化作用的介绍,即使是不懂电脑的用户也能清楚地知道软件做了那些优化,而且功能众多,能够为用户解决许多实际问题。软件提供有自动备份注册表的功能,每次修改都会自动生成备份文件,用户可以放心地进行操作,所有功能均有备份,只需要通过"还原上一次操作"功能就可以恢复过来。完整的"超级兔子"软件包括以下软件:

①清理王:能够对系统和部分常用软件进行调整,通过修改各种软件本身的设置,使它们工作得更好,并且具备完整的清除硬盘及注册表内无用信息的功能。

②魔法设置:可以对系统各项设置进行调整和优化,帮助用户打造一个具有个性化的系统。

③上网精灵:是一款修复 IE、保护 IE 安全的软件。不仅如此,它还具有网页广告过滤、屏蔽黄色网站、IE 插件免疫等强大的功能。

④IE 修复专家:可以对 IE 和系统进行全面的修复,全面查杀数千种木马病毒,软件提供了快捷修复、专家修复两种模式让用户选择。

⑤安全助手:它是一款保护个人电脑不被他人使用的软件,具有文件加密、文件夹伪装、隐藏磁盘、开机密码等各种安全功能。

⑥系统检测:可以对系统的硬件设备、系统信息、软件环境等进行全面的测试,包括系统信息、速度测试、系统检测三个方面,并且可以将这些信息保存下来。

⑦系统备份：主要是对系统注册表、收藏夹、我的文档、驱动程序等的备份。

⑧"超级兔子"任务管理器：可以看到进程的具体路径、调用的 DLL 模板等详细信息，并能识别可疑、危险的进程，可以帮助我们了解和分析进程的来历。

现在有了这些好帮手，用户就可以随时随地给电脑施个魔法了，让它更听自己的话。

9.4　实　　训

使用手动方法及用 Windows 优化大师对系统进行优化

【目的与要求】

1. 掌握手动优化系统的方法。

2. 掌握使用 Windows 优化大师对系统进行优化的方法。

【实训内容】

1. 将系统的虚拟内存设定在 D 盘，并使最小值和最大值均为内存容量的 2 倍。

2. 对系统进行整理磁盘碎片。

3. 使用 Windows 优化大师进行开机速度优化。

4. 使用 Windows 优化大师进行系统安全优化。

5. 使用 Windows 优化大师进行注册表信息清理。

9.5　习　　题

1. 简述影响计算机运行速度的因素。

2. 有了大内存后，可不可以将虚拟内存禁用掉？为什么？

3. 为什么不要随便安装、卸载程序？

4. "超级兔子"有哪些常用功能？

第 10 章　计算机常见软、硬件故障及处理

【学习要点】　计算机日常维护和管理；计算机故障的检测及处理；硬件故障分析与处理实例；测试软件的介绍。

　　如今的计算机已经接近全面普及的程度了，它为人类在工作和学习上提供了极大的方便，不过，计算机在使用过程中碰到的各种大小故障甚至死机对于大多数计算机用户来说，却成了一个解不开、挣不脱的烦恼。下面，我们就对计算机常见的一些软、硬件故障进行分析处理，以便用户在实际工作中有所借鉴。

10.1　计算机的日常维护

10.1.1　计算机的工作环境

　　在日常使用计算机的过程中，有许多细节之处会给计算机带来损坏，是绝对不可以忽视的。对计算机而言，高温、潮湿、电压不稳、灰尘、静电、剧烈震动或撞击、无线电干扰等都是对计算机十分有害的，所以计算机最理想的工作环境是在铺有防尘地毯、装有空调的相对封闭的工作间里。当然，不是每个人都能为他的计算机找到这么舒适的环境的，不过爱护好计算机还是每个人都应当能够做到的。

　　计算机要用软布蘸上中性清洁剂经常擦拭，在使用时应注意通风，不用时应盖好防尘罩并定时清洁，同时还应注意防潮、防水、防火。除上述这些普通维护外，还应当注意以下几点：

　　1. 温度

　　计算机理想的工作温度在 10 ℃～30 ℃之间，温度太高或太低都会影响计算机配件的寿命。高温对于计算机，主要是对 CPU、显示器、主板等对温度敏感的配件有影响。比如 CPU，一般最高工作温度不得超过 80 ℃。如果 CPU 长期工作在超高温度下，不但会使其使用寿命缩短，甚至有可能烧毁。所以，给 CPU 散热非常重要，另外最好安装测温报警软件，在夏天使用计算机时，要注意室内通风和降温。

　　2. 湿度

　　对计算机而言，相对湿度在 30%～80%比较适宜。如果湿度太高，不但影响计算机的性能发挥，甚至会出现因为潮湿引起短路等危险情况，严重的会烧坏计算机。所以，在空气过于潮湿或者连续下大雨的情况下，开机要慎重。另外，千万不要双手湿漉漉地使用计算机，或者用蘸水的布擦拭计算机的内部构件。相反，太干燥也不好，因为容易产生静电，同样对计算机也是十分有害的。

　　3. 电源稳定性

　　稳定的供电对使用计算机同样重要，不稳定的电压或者瞬间高峰的电流对计算机都会造成

致命的伤害。如低电压状况下,显示器会出现花屏现象,长期下去会影响显示器的显示效果。计算机对交流电的要求是 220 V/50 Hz,并且最好具有良好的接地系统(使用三相插座)。当然如果需要的话,最好的办法是给计算机连接一个 UPS 稳压电源,这样就安全多了。

4.灰尘

由于计算机机箱并不是完全密封的,并且计算机工作时产生的静电具有吸尘的功效,所以计算机最容易沾染灰尘了。当灰尘附在集成电路板表面时,会造成散热不畅,严重时甚至会导致主板电路短路。当然,最怕灰尘的当属光驱、软驱和显示器了。由于光驱是精密仪器,激光头一旦染尘,光驱的读盘效果就会大打折扣,甚至失去读盘能力。灰尘对软驱的伤害与光驱类似,而对显示器而言,小小的灰尘可能令显示器内部高压电路打火,有烧毁的危险。此外,像键盘、鼠标、电源风扇等多数配件都害怕灰尘。

5.震动或撞击

计算机毕竟也是电器,当然怕剧烈的震动或者撞击了。计算机配件中,最怕震动的要数硬盘与光驱,其次是软驱,当然显示器屏幕更是绝对不能"冲撞"的! 硬盘、光驱和软驱三者的工作原理很相似,都是通过磁头(激光头)来读取飞快转动盘片中的数据,因此一旦出现剧烈的震动或撞击,可能就会让正在工作的磁头(激光头)碰到盘片上,轻则划伤盘片,损害磁头(激光头),重则整个硬盘或者是光驱、软驱彻底报废。当然,存储在盘片上的数据造成的损失就更加严重了。

6.电磁干扰

计算机应远离高压线、大功率变压器、马达及其他产生强磁场的产品和地域,以免对计算机产生干扰和损坏。这些对显示器有一定的危害,对主板上的一些电路也会起到干扰作用。由于传统显示器(CRT)是靠磁场工作的,当外界有较强电磁干扰时,显示器的电磁场就会受到严重干扰,令图像画面出现剧烈抖动。次数多了,显示器的电磁场的正常工作状态就会受到影响,这将直接影响到显示器显示的效果。

10.1.2　计算机的日常维护

计算机的日常维护是针对软件和硬件进行的日常清理、保养等工作,主要包括系统维护和硬件维护两个方面。

1.系统维护

软件故障在电脑故障中占有很大的比例,特别是频繁地安装和卸载软件,对软件系统的影响非常大,因此需要经常对系统进行维护。系统维护主要包括以下几个方面:

(1)磁盘清理

在使用电脑的过程中,安装或卸载程序、新建或删除文件及浏览网页等操作会产生大量的垃圾文件和临时文件,会占用大量的系统资源和磁盘空间。可使用 Windows 自带的磁盘清理程序将其删除。磁盘清理的操作步骤如下:

①双击桌面上的"我的电脑"图标,打开"我的电脑"窗口,在需要进行磁盘清理的盘符(如 C 盘)上单击鼠标右键,在弹出的快捷菜单中选择"属性"命令。

②在打开的如图 10-1 所示的"本地磁盘(C:)属性"对话框中单击"磁盘清理(D)"按钮,系统会自动查找所选磁盘上的垃圾文件和临时文件,并打开如图 10-2 所示的对话框,其中显示了可以删除的垃圾文件和临时文件列表。

③在"要删除的文件"列表中选择要删除的文件类型,单击"确定"按钮。在打开的删除提示对话框中,单击其中的"是(Y)"按钮即可进行清理操作。

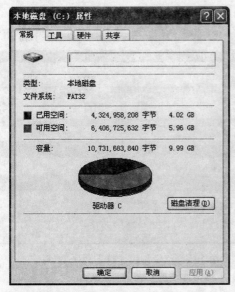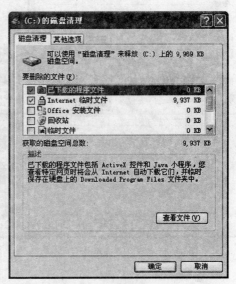

图 10-1　本地磁盘(C:)属性　　　　　图 10-2　"磁盘清理"对话框

(2)磁盘碎片整理

电脑在使用过程中,经常会进行大量文件的复制、粘贴、删除和移动操作,这样有可能造成同一个文件的数据没有连续存放,而是被分成多个部分存放在不同的存储单元中,在硬盘中形成不连续的存储碎片。这样会降低磁盘的读写效率,而且过多的无用碎片还会占用磁盘空间。使用Windows 提供的磁盘碎片整理程序可对这些碎片进行调整,使其变为连续的存储单元,以提高系统对磁盘的访问效率。其操作步骤如下:

①双击桌面上的"我的电脑"图标,打开"我的电脑"窗口,在需要进行磁盘碎片整理的盘符(如 C 盘)上单击鼠标右键,在弹出的快捷菜单中选择"属性"命令。在打开的"本地磁盘(C:)属性"对话框中选择"工具"选项卡,如图 10-3 所示。

②单击"开始整理"按钮,打开如图 10-4 所示的"磁盘碎片整理程序"窗口。

③单击"碎片整理"按钮,系统开始对磁盘进行分析,然后自动进行碎片整理,并显示整理前后的磁盘使用量及进度,如图 10-5 所示。

④整理完毕后,系统将打开如图 10-6 所示的对话框,单击"关闭"按钮返回"磁盘碎片整理程序"窗口,可再选择其他需要整理的磁盘分区进行相同操作。

2.硬件维护

电脑的硬件维护主要包括键盘、鼠标、光驱、显示器和主板等设备的维护。

(1)键盘的日常维护

由于键盘使用频率较高,如果在使用时用力过大或将茶水等液体溅入键盘内,就会出现按键不灵等现象。在对键盘进行维护时应注意以下几个方面:

①更换键盘时,应断开电脑电源。

②定期清洁键盘表面的污垢,用柔软干净的湿布擦拭键盘即可,对于顽固的污渍可以使用中性的清洁剂擦除。

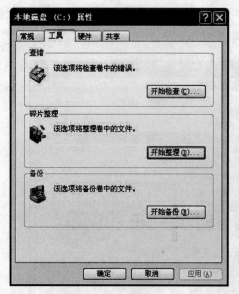

图 10-3 "工具"选项卡

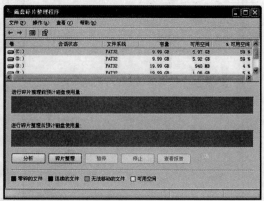

图 10-4 "磁盘碎片整理程序"窗口

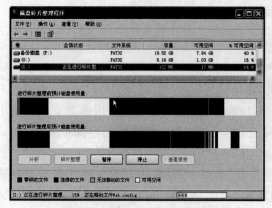

图 10-5 正在进行碎片整理

图 10-6 磁盘碎片整理完毕

③当有液体进入键盘时,应当尽快关机,将键盘取下,打开键盘,用干净吸水的软布或纸巾擦干内部的积水,最后在通风处自然晾干即可。

(2)鼠标的日常维护

鼠标在使用时要防止灰尘、强光及拉拽。在对鼠标进行维护时应进行基本除尘和开盖除尘两个方面。

(3)光驱的日常维护

光驱在使用一定的时间后,就会出现读盘速度变慢、不读盘等问题。如果在光驱的日常使用中注意保养和维护,在一定程度上会延长光驱的寿命。在日常维护时应注意以下几点:

①保持光驱清洁。

②定期清洁光驱内部组件和激光头。

③注意光盘质量。

④必要时使用虚拟光驱。

（4）显示器的日常维护

显示器的寿命与日常维护有着十分紧密的关系，对于 CRT 显示器，在加电的情况下及刚刚关机时，不要移动显示器，以免造成显像管灯丝的断裂；多台显示器的摆放，应相隔 1 m 的距离，以免由于相互干扰造成显示抖动的现象，同时还要远离磁场。对于 LCD 显示器，要注意不能用尖锐的物体碰触屏幕，以免划伤屏幕。同时还要注意以下几个方面：

①防潮防湿。

②定期清洁。

③防强光直射。

④通风良好。

⑤稳定的电源。

⑥不要随意拆卸显示器。

（5）主板的日常维护

主板是电脑的心脏，因此对主板的保养非常重要。其日常维护主要包括以下几个方面：

①外部电压应在 200 V～250 V 之间。过高将会烧坏电路，过低容易死机。

②突然停电时应立即关机，以防突然来电时产生瞬时高压击坏主板。

③可用无水酒精或其他清洗液清洗主板，但不要划伤主板。

④当打开机箱对主板进行操作时，应将手上的静电释放掉，以防静电损坏主板。

⑤不要在主板带电的情况下插拔板卡。

⑥不要将电脑置于高温环境中工作，以免产生太多的热量影响主板的正常工作。

10.2　计算机常见故障诊断与处理概述

10.2.1　计算机故障处理的基本原则

1. 从简单的事情做起，"先外后内"

处理故障需从最简单的事情做起，即先检查主机外部的环境情况（电源、连接、温度等）；后检查主机内部的环境（灰尘、连接、器件的颜色、部件的形状、指示灯的状态等）；观察电脑的软、硬件配置包括安装了何种硬件、资源的使用情况如何、使用的是何种操作系统、安装了什么软件、硬件设备的驱动程序版本是否更新等。

从简单的事情做起，先外后内，有利于精力集中，有利于进行故障的判断与定位。一定要注意，必须通过认真的观察后，才可进行判断与维修。

2. 根据观察到的现象，要"先想后做"

先想后做，包括以下几个方面：

首先，先想好怎样做、从何处入手，再实际动手。也可以说是先分析判断，再进行维修。

其次，对于所观察到的现象，尽可能地先查阅相关的资料，看有无相应的技术要求、使用特点等，然后根据查阅到的资料，再着手维修。

最后，在分析判断的过程中，要根据自身已有的知识、经验来进行判断，对于自己不太了解或根本不了解的，一定要先向有经验的同事或硬件维修工程师咨询，寻求帮助。

3. 在大多数的电脑维修判断中,必须"先软后硬"

先软后硬,即从整个维修判断的过程看,总是先判断是否为软件故障,先检查软件问题。当可判断软件环境是正常时,如果故障不能消失,再从硬件方面着手检查。

当加电启动时能进行自检,能显示自检后的系统配置情况,则计算机系统的硬件基本上没有什么问题,故障的原因由软件引起的可能性比较大。接着再具体确定是操作系统还是应用软件产生的故障,若是操作系统软件产生的故障,则可能需要重新安装操作系统;若是应用软件产生的故障,则可能需要重新安装应用软件或卸载应用软件。

若是硬件有故障则需要首先分清是主机有故障还是外部设备有故障,即从系统确定到设备,再由设备确定到部件。由系统到设备是指计算机系统发生故障后,要确定主机、键盘、显示器、打印机和硬盘等,是哪一个设备出的问题。这里要注意关联部分的故障,若接口和连线出现了问题,也有可能表现为外部设备的故障。由设备到部件是指已经确定主机有故障后,应该进一步确定是内存、CPU、CMOS、显卡等哪一个部件出了问题。

4. 在维修过程中要分清主次,即"抓主要矛盾"

在重现故障现象时,有时可能会看到一台故障机不只有一种故障(如:启动过程中显示器无显示,但机器也在启动,同时启动完后,有死机的现象等),此时,应该先判断、修复主要故障,再修复次要故障,有时主要的故障修复后可能次要故障已不需要维修了。

总之,计算机系统故障的检查原则是由软到硬、由大到小、由表及里,循序渐进,不要急于求成、随意操作,因为这样不但不能解决问题,还可能产生更大的人为故障。

10.2.2　计算机常见软件故障的判断及排除

软件故障是指由各种应用软件和操作系统所引起的电脑故障,是使用电脑过程中最常见的故障,它一般是由电脑软件本身、系统配置不正确、系统工作环境改变或操作使用不当引起的。软件故障一般可修复,但必须注意有时可能造成数据丢失。

软件方面的故障,多是由系统问题、驱动程序问题、应用软件问题、病毒及恶意代码问题等引起,可以通过以下步骤来解决:

1. 检查是否是误操作

由于许多电脑故障都是由于用户的误操作造成的,我们可以重复一遍故障的发生过程,以确定故障是否由于误操作引起。

2. 通过网站的搜索引擎来了解错误提示的具体意思

随着网络的普及,我们可以通过它来学习很多知识,对于计算机故障中的一些问题,当然我们也可以用它来找到解决问题的方法。例如,如何解决在安装 CS1.5 时,系统提示:"没有找到 glide2x.dll,因此这个应用程序未能启动!"这个问题,我们就利用 Google、Baidu 等搜索引擎进行查找,这里我们可以对提示的第一句话进行搜索,如搜索"没有找到 glide2x.dll",或者对其中的一些关键字进行搜索,如搜索"glide2x.dll CS"都可以找到解决方法。这个方法很简单,而且大部分问题都能够得到及时的解决。如果故障没有错误提示,我们也可以根据故障的现象,利用搜索引擎进行搜索,比如系统无法进行复制、粘贴等操作,我们就可以搜索"系统无法复制粘贴",从中找到答案。

3. 分析故障的共同点

根据相类似的故障情况,我们可以判断出问题的根源。例如:电脑在打开极品飞车和另一个游戏时,都会弹出一个内容为英文的窗口,内容不一样,但是都与 DirectX 有关,提示需要安装 DirectX 9.0,可是当我们安装上了 DirectX 9.0,两个游戏依然无法运行。经过分析发现,两个游戏都是 3D 游戏,而且错误提示都与 DirectX 有关,这时我们可能会想到会不会是显卡驱动有问题,于是到网上下载了显卡驱动程序,装上后问题解决,因而得出是以前装的显卡驱动有问题。

　　4. 还原正常使用时的环境

　　一些软件故障是在安装了某些软件后出现的,我们可以将这些软件删除,或者到硬件环境和操作系统与出故障的一样的电脑上将这些软件安装上,看是否也存在问题,从而判断是软件的问题还是系统的问题。

　　如果通过上述四种方法还是没有排除软件故障,可以对出现问题的应用软件进行重新安装或者修复,甚至重新安装系统,如果故障依旧存在,就可以考虑一下是否是一些外部因素造成的,比如安装程序是否有问题或者硬件是否存在问题等。

10.2.3　硬件故障常用的检测和判断方法

　　诊断电脑硬件故障的常用方法主要有观察法、替换法、插拔法、最小系统法、振动敲击法、清除尘埃法、升温降温法和程序检测法等,针对不同的故障使用不同的检测方法可以快速找到故障的原因,排除电脑的硬件故障。

　　1. 观察法

　　观察法是通过看、听、闻、摸等手段来判断故障的位置和原因的方法。

　　看:主要看插头、插座等连线是否良好,板卡和其他设备是否有烧焦的痕迹,有无元件短路,电路板上是否有虚焊、脱焊和断裂等现象。

　　听:通过听电源风扇、CPU 风扇、硬盘和显示器等设备的工作声音是否正常来判断故障产生的原因。

　　闻:通过闻主机和显示器是否有烧焦的气味来判断设备是否被烧焦。

　　摸:通过用手触摸元件表面温度的高低来判断元件工作是否正常,板卡是否安装到位和接触不良。

　　2. 替换法

　　替换法是通过替换相同或相近型号的板卡、电源、硬盘、显示器及外部设备等部件来判断故障。替换部件后如果故障消失,就表示被替换的部件有问题。

　　3. 插拔法

　　插拔法是判断故障的一种较好的方法,通过观察插拔板卡后电脑的运行状态来判断故障的所在。另外,插拔法还能解决一些如芯片、板卡与插槽接触不良所造成的故障。

　　4. 最小系统法

　　电脑能运行的最小环境就是电脑的最小系统,即电脑运行时主机内的部件最少。如果在最小系统(主板上插入 CPU、内存和显卡,连接有显示器和键盘)下电脑能正常稳定运行,则故障应该发生在没有加载的部件上或有兼容性问题。反之,故障很有可能就在主板、CPU、内存或显卡上。

　　5. 振动敲击法

　　振动敲击法一般用于电脑中的部件有接触不良的故障,通过振动或用橡胶锤敲打特定的部件来判断故障的位置。

6. 清除尘埃法

电脑在使用的过程中易积聚灰尘,通过对电脑清除尘埃也可能找到故障的原因,从而清除故障。

7. 升温降温法

此方法主要用于电脑在运行时,时而正常、时而不正常的故障的检测。在检测时可使用电吹风对可疑部件进行升温,促使故障提前出现,从而找出故障的原因。或利用酒精对可疑部件进行降温,如故障消失,则证明此部件热稳定性差。

8. 程序检测法

通过测试卡、测试程序的诊断及其他一些方法的诊断来判断电脑故障所在。这种方法具有判断故障快速、准确等优点,但不易掌握。

10.3　典型硬件设备故障分析与处理实例

10.3.1　CPU 常见故障及排除实例

CPU 是电脑的三大核心部件之一,其重要性是毋庸置疑的,如果 CPU 出现故障,整个电脑系统将无法正常运行甚至瘫痪。

1. CPU 故障的原因

CPU 本身比较精密,一般不容易出现故障,大多数都是人为造成的,主要有以下几个方面:

(1)散热类故障

散热类故障主要表现为黑屏、重启、死机等,严重的甚至会烧毁 CPU。该类故障主要是 CPU 散热不良造成的,原因一般为 CPU 风扇停转、CPU 风扇与 CPU 接触不良及 CPU 超频造成发热量过大。

解决该类故障的方法主要有更换 CPU 风扇,在 CPU 风扇和 CPU 之间涂抹硅脂,将 CPU 的频率恢复到正常状态。

(2)超频类故障

超频类故障一般是由于对 CPU 进行超频,造成 CPU 工作不正常甚至不能启动电脑。

解决该类故障的方法是将 CPU 的频率恢复到正常状态。

(3)接触不良类故障

接触不良类故障是由于 CPU 与 CPU 插槽接触不良造成电脑无法启动的故障。

解决该类故障的方法是将 CPU 从 CPU 插槽上取出并检查 CPU 针脚是否有氧化或断裂现象,除去 CPU 针脚上的氧化物或将断裂的针脚焊接上,再重新插好 CPU。

(4)设置类故障

现在很多 CPU 都有一些新功能,需要通过一些简单的设置才能实现,如 P4 CPU 的超线程技术。

解决该类故障的方法是将 BIOS 升级到最新版本并在 BIOS 中将要实现的功能打开。

2.CPU 风扇不转导致电脑黑屏

故障现象：一台电脑配置为 Celeron1.7 GHz、Intel 原装主板、高档电源，安装的是 Windows 2000 操作系统。一日开机启动到一半时黑屏。重启电脑显示器没反应，硬盘灯也不亮。打开机箱检查，按下 Power 键后，CPU 风扇转了几圈后无反应。

故障分析与处理：估计是主板或 CPU 风扇出现了问题。现在的很多主板都具有智能监控能力，能监测主板电压和温度、风扇转速等。当侦测到 CPU 风扇或电压有问题时，电源保护电路动作就会停止输出±12 V、5 V 及 CPU 电压，造成电脑无法启动。对此可以考虑更换 CPU 风扇。在更换了一个 CPU 风扇后，开机正常，故障排除。

3.CPU 针脚接触不良导致电脑无法启动

故障现象：一台 Intel CPU 的电脑，平时使用一直正常，近段时间出现问题，具体现象为有时按下主机电源开关后主机无反应，屏幕无显示信号输出，但有时又正常。

故障分析与处理：首先估计是显卡出现故障，用替换法检查后，发现显卡无问题，拔下插在主板上的 CPU，仔细观察并无烧毁痕迹，但发现 CPU 的针脚均发黑、发绿，有氧化的痕迹（CPU 的针脚为钢材料制造，外层镀金），对 CPU 针脚做了清洁工作，电脑又可以加电工作了。

4.超频引起自检通不过

故障现象：一台电脑在 CPU 超频后无法通过自检。

故障分析与处理：CPU 在超频后提高了系统的总线频率，而一些外部设备特别是内存无法承受如此高的总线频率，出现工作不正常的现象，造成自检无法通过。将 CPU 的频率改回原始频率后故障排除。

10.3.2　主板常见故障及排除实例

主板也是电脑三大核心部件之一，几乎所有的硬件都通过插槽和主板连接在一起。同时，主板也直接连接了一些外部设备。整台电脑的性能和质量，在很大程度上取决于主板的设计和质量。

1.主板故障产生的原因

主板故障产生的原因有多种，主要可以分为人为因素、环境因素、元器件质量等。

2.主板做工差导致的故障

故障现象：电脑开机一段时间后，键盘被锁死，鼠标正常而且系统也不报错。关机冷却后再开机，键盘能正常使用的时间明显变短，再次反复冷启动，直至键盘完全失灵。

故障分析与处理：首先看是不是键盘故障，更换键盘后故障仍无法排除，就考虑是不是系统散热性有问题。在开机状态下用无水酒精对主板元件进行局部冷却，故障如果仍然存在，就考虑主板的做工是否有问题。也许是做工马虎，质量不好，看看主板的键盘接口附件有无脱焊现象。经检查发现主板键盘接口旁的一块电容有虚焊现象，重新进行焊接，焊接后开机，故障即被排除。

3.主板不能识别 CPU

故障现象：电脑配置为 Celeron 566 CPU、VIA 693 主板，最高支持 8 倍频，但开机以后自动设置为 567 MHz(126 MHz×4.5)，无论在主板上怎样设置外频和倍频均无效。

故障分析与处理：估计出现故障的原因是 VIA 693 主板的 BIOS 不能正确识别该 CPU，其具体原因有以下几条：

①早期 Celeron 系列的 CPU 只有 66 MHz 和 100 MHz 外频,没有 126 MHz 的,而且 126 MHz 也不是标准的外频。

②主板自动检测出的应该是 CPU 的标准频率。对于 Celeron 566 MHz 来说应该是 66 MHz×8.5,而不是 567 MHz 的 126 MHz×4.5。

③Celeron 系列 CPU 虽然倍频被锁,但它的外频是可以在一定范围内任意调节的,不能调节则说明主板有问题。

根据以上三点原因基本可以判断故障不在 CPU 上,而在 BIOS 上,经检测,BIOS 版本太老,不能识别新的 CPU。将主板的 BIOS 升级后,故障解决。

4. 主板无法实现 STR

故障现象: 主板的说明书上说明主板支持 STR,但却无法实现 STR 功能。

故障分析与处理: STR(Suspend to RAM)意为挂起到内存,是指系统关机或进入省电模式后,会将重新启动所需文件都储存在内存里。目前一般的系统支持 STD(Suspend to Disk)模式,即把重新启动所需文件储存在硬盘里,重新启动时再从硬盘读入内存。很明显,使用 STR 模式与使用 STD 模式相比,使用 STR 模式系统恢复时间要少得多。从开机到复原一般只需 10 s 左右。要实现 STR 功能,必须具备以下几个条件:

①主板 BIOS 支持。

②操作系统支持。Windows 98 以后的版本都支持此项模式。

③机箱电源+5 V SB 必须达到 720 mA 以上。

经检查,是电源问题,未达到 720 mA,更换后故障解决。

5. BIOS 设置不能保存

故障现象: 主板设置了 BIOS 后却不能保存。

故障分析与处理: 这种故障一般是因主板电池电压不足造成的,更换主板电池即可。如果更换后故障还存在,则要看是不是主板 CMOS 跳线设置不正确,可能是人为将主板上 CMOS 跳线设为清除选项,使得 BIOS 数据无法保存,将跳线重新设置正确即可。如果跳线设置无问题就要考虑主板的电路是否有问题,更换主板即可。

经检查 CMOS 跳线设为清除选项,改正后,故障解决。

10.3.3　内存常见故障及排除实例

内存同样也是电脑的三大核心部件之一,质量较差或被打磨过的内存会影响整个电脑的性能,不同品牌、不同型号和不同容量的内存混插也会造成系统故障。

1. 内存质量导致不能安装操作系统

故障现象: 一台新配置的 P4 电脑,硬盘分区后开始安装 Windows 98 操作系统,但在安装过程中复制系统文件时出错,不能继续进行安装。

故障分析与处理: 首先考虑安装光盘是否有问题,格式化硬盘并更换 Windows 98 安装光盘后重新安装,如仍出现此现象。就更换硬盘,如问题仍存在,检查内存条。当换上一名牌的内存条时,故障消失。

2. 超频后无法开机或死机

故障现象: 电脑配置是技嘉主板和 RDRAM 内存,在 BIOS 中将 CPU 外频提升至110 MHz,AGP 的工作频率提升至 66 MHz,保存设置退出后无法开机或在开机自检时死机。

故障分析与处理：出现这种现象应是超频后将 RDRAM 内存的工作频率提升了，造成 RDRAM 内存工作在较高的频率下，引起内存不稳定，而导致不能开机或开机后不能通过自检造成死机。只需将 CPU 的工作频率降低即可。

3. 内存安装顺序引起的电脑工作不正常

故障现象：一台 P4 电脑，用的是华硕 Intel 850 芯片组的主板，两条 RAMBUS 内存条装在联想 QDI 主板上工作正常，而将其插回该主板后却无法正常工作。

故障分析与处理：这是内存安装顺序不正确而引起的。因插接一条 RAMBUS 内存条时需要在本组（一般 RAMBUS 内存插槽有两组，每组有两个插槽）的另一个内存插槽中插入一条内存终结器（内存适配板），以便将这一组 RAMBUS 内存插槽连接成通路，才能正常工作。如果插接两条 RAMBUS 内存条，剩余的另外两个内存插槽中也要插接两条内存终结器，即插满形成通路才能正常工作。不同的主板在插接 RAMBUS 内存条时有一定的区别：一些主板在插接两条 RAMBUS 内存条、两条终结器时不能交叉安装，如 Intel 原装主板和联想 QDI 主板等。而有些主板正好相反，必须将 RAMBUS 内存与终结器交叉安装，如华硕主板等。若顺序插错了，电脑就无法正常工作。将 RAMBUS 内存与终结器交叉安装，电脑就又恢复正常工作了。

4. 打磨内存导致电脑无法开机

故障现象：在添加了一条新的杂牌 128 MB HY PC133 内存条后显示器黑屏，电脑无法正常开机，拔下该内存后故障消失。

故障分析与处理：经过检查，新的内存在其他电脑上可以正常使用，但无法工作在 133 MHz 的外频下，只能工作在 100 MHz 的外频下。在 BIOS 中设置了内存的异步工作模式，即降低内存的工作频率后，使用一切正常。

10.3.4　硬盘常见故障及排除实例

硬盘是电脑系统中的重要部件，是存储信息的设备之一，使用率很高，其质量与功能直接影响电脑系统的性能。

1. 解决大容量硬盘的分区问题

故障现象：将新的 120 GB 硬盘连接到电脑上时，BIOS 能够检测到硬盘并正确识别硬盘的容量，但使用 FDISK 分区时检测到的硬盘容量不对。

故障分析与处理：对于 FDISK 不能进行的分区，可以使用 DM 软件或 DiskGen 等软件来对硬盘进行分区。因为 FDISK 不支持大容量硬盘，而 DM 软件或 DiskGen 等软件则没有这种容量限制。

2. 断电导致硬盘分区表错误

故障现象：在使用 Partition Magic 调整硬盘的分区时，突然停电。重启后，硬盘空间少了 5 GB。

故障分析与处理：由于 Partition Magic 调整硬盘分区其实是对硬盘分区表的调整，当停电时会因没有保存分区表数据而导致分区表损坏。可以利用 Partition Magic 修复损坏的分区表，也可以利用 DiskGen 的强大功能重建硬盘分区表。

3. 解决硬盘引导区损坏的故障

故障现象：电脑无法正常启动，无论是通过软驱、光驱还是硬盘，在启动时硬盘灯都是处于长亮状态。

故障分析与处理：进入 BIOS 后发现，BIOS 可以正确检测到硬盘的参数，说明硬盘没有损坏，将硬盘作为从盘连接到其他电脑上后，启动电脑进入到 DOS 操作系统，用 DIR 命令可查看到故障硬盘的目录和文件。说明硬盘的分区表也没有损坏，因此不能引导操作系统可能是因为硬盘的引导区遭破坏造成的。用 SYS 命令向故障硬盘的 C 盘传送引导文件后，再将故障硬盘单独接在电脑上。重新开机后系统能正常进入操作系统，故障排除。

4.硬盘零磁道损坏故障

故障现象：电脑启动时出现故障，无法引导操作系统，系统提示"TRACK 0 BAD"（零磁道损坏）。

故障分析与处理：由于硬盘的零磁道包含了许多信息，如果零磁道损坏，硬盘就会无法正常使用。遇到这种情况可将硬盘的零磁道由其他的磁道来代替使用。如通过诺顿工具包 DOS 下的中文 PNU8.0 工具来修复硬盘的零磁道，然后格式化硬盘即可。

5.处理磁盘的坏道

故障现象：系统运行磁盘扫描程序后，提示发现有坏道。

故障分析与处理：硬盘出现的坏道只有两种，一种是逻辑坏道，也就是非法关机或运行一些程序时出现错误导致系统将某个扇区标识出来，这样的坏道是软件因素造成的且可能通过软件方式进行修复，因此称为逻辑坏道；另一种是物理坏道，是由于硬盘盘面上有杂点或磁头将盘表面划伤造成的坏道，由于这种坏道是由于硬件因素造成的且不可修复，因此称为物理坏道。

对于硬盘的逻辑坏道来说，在一般情况下通过 Windows 操作系统的 Scandisk 命令修复，也可以利用其他工具软件来对硬盘进行修复，甚至可以用低级格式化的方式来修复硬盘的逻辑坏道，清除引导区病毒等，但低级格式化对硬盘的损伤较严重，建议不要采用这种方式。

对于硬盘的物理坏道，一般是通过分区软件将硬盘的物理坏道分在一个区中，并将这个区屏蔽，以防止磁头再次读写这个区域，造成坏道扩散。对于有物理损伤的硬盘建议将其更换，因为硬盘出现物理损伤表明硬盘的使用寿命也不长了。

6.硬盘长文件名错误

故障现象：在新添加了一个硬盘后将新硬盘设置为主盘，旧硬盘和光驱分别设置为主盘和从盘后通过一根 IDE 数据线连接到电脑的第二个 IDE 接口上。在一次意外掉电后，再开机进入操作系统后对硬盘进行扫描，系统提示旧硬盘无坏道，但有长文件错误，无法对其修复。也不能对旧硬盘执行任何操作，一操作就会出现蓝屏或死机故障。

故障分析与处理：由于硬盘能通过磁盘扫描程序而且没有坏道，说明硬盘没有损坏，而导致出现上述故障的原因可能有以下几种：

①硬盘数据线有问题。这种故障只需更换数据线即可解决。

②硬盘分区表损坏。用 DiskGen 软件修复分区表即可解决。

③电脑感染病毒。用杀毒软件清除即可解决。

7.硬盘容量发生变化

故障现象：硬盘空间在使用的过程中容量急剧减小。

故障分析与处理：硬盘容量发生变化可能有以下几种情况：

①硬盘上有坏道，使可用空间降低。尤其是一些使用时间较长的硬盘容易出现坏道。

②硬盘中有大容量的文件丢失，但是没有释放占有的磁盘空间，可以使用 Windows 操作系

统自带的磁盘扫描程序对硬盘进行检测并找回丢失的磁盘空间。

③系统感染某些病毒时，该病毒会不断地复制直到将硬盘塞满为止，可以使用杀毒软件进行杀毒。

10.3.5　声卡常见故障及排除实例

声卡是多媒体电脑的必要部件，当声卡出现故障时，一般会出现无声、有杂音或音量无法调节等现象。

1. 声卡有杂音或爆音

故障现象：主板使用的是一块 PCI 声卡，但是经常发出杂音，有时还会产生爆音现象。

故障分析与处理：这种情况可能由以下原因引起：

①声卡与 PCI 插槽接触不良。有些主板或声卡做工不良，可能导致声卡的金手指和主板的 PCI 插槽接触不紧密，所以稍有干扰，声卡就会发出噪音。

②音箱是通过声卡的 Speaker 接口输出的，现在大多数声卡都集成了功放，在放大声音信号的同时也放大了噪音。而声卡的 Line out 接口是没有经过功放放大的，所以将音箱接到 Line out接口比连接到 Speaker 接口噪音要小得多。

2. 不能通过声卡录制声音

故障现象：在 Windows 操作系统中，使用音箱可以听到声音，但不能使用麦克风来录制声音。

故障分析与处理：首先，检查声卡是否是全双工声卡，如果不是，那么在播放音乐时是无法录制声音的。其次，检查声卡驱动和声音设置有无问题，如驱动程序是否安装正确，有无冲突，音频属性设置中是否打开了麦克风的录音设置等。最后，检查麦克风和声卡的连接是否存在错误，正确的连接是将麦克风的连接线插入声卡的 MIC 插孔中。

3. 系统无法播放 CD

故障现象：用电脑播放 CD 时无声音。

故障分析与处理：出现这种现象可能有如下两个原因：

①光驱音频连接线未连接好或连接错误。这样通过光驱面板上的 CD 播放键播放是不能发出声音的。重新连接音频线并注意连接的端口，也可通过 Windows 操作系统自带的 Windows Media Player 播放器来播放。

②只有一个声道出声。光驱音频线一般为 4 线的连接线，而且是每根的颜色不同，中间两根接地，若连接线的顺序不对，很有可能只有 1 个声道发声。只需改变连接线的顺序即可实现立体声。

10.3.6　光驱常见故障及排除实例

光驱是电脑系统中重要的存储设备之一，可读取光盘中记录的各种信息，光驱的应用使用户体会到了多媒体技术带来的快乐。

1. 添加光驱后光驱无法使用

故障现象：电脑原先没有配置光驱，但在添加光驱后光驱无法使用。

故障分析与处理：可按以下步骤来进行检查：

①检查光驱的数据线和电源线是否连接好，跳线设置是否正确。如果是和其他 IDE 设备连接在一根数据线上，还需要注意主从盘的设置问题。

②检查 BIOS 中是否关闭了光驱所在的 IDE 通道,光驱的传输模式是否设置正确。

③在电脑启动时看是否能正确检测到光驱,如果以上设置都没有问题则可能是光驱有问题。

④一般来说,Windows 操作系统会自动识别光驱并安装光驱的驱动程序,只是在使用 DOS 操作系统时需要加载光驱的驱动。另外,应检查光驱和其他设备有无冲突。

2.虚拟光驱导致正常光驱出现问题

故障现象:电脑配置的是 DVD 光驱,安装的是 Windows XP 操作系统,但是在安装了虚拟光驱后,不能正常使用虚拟光驱,将虚拟光驱卸载后,DVD 光驱也不能使用了,并且 Windows XP 将其识别成了普通光驱。

故障分析与处理:DVD 光驱应该没有损坏,可能是安装虚拟光驱时出现问题导致不能使用虚拟光驱,在卸载虚拟光驱时也出现问题,导致正常的 DVD 光驱盘符被占用,使 DVD 光驱不能正常使用。可在"设备管理器"中删除所有的光驱盘符,再重新启动电脑,Windows XP 能够自动检测到光驱,就可以正常使用了。

3.CD 光盘无法自动播放

故障现象:电脑使用的是 Windows XP 操作系统,以前都能自动播放 CD,现在放入 CD 光盘后不能自动播放 CD,但可以浏览 CD 光盘中的文件。

故障分析与处理:可能是关闭了光驱的自动播放功能,在"我的电脑"窗口中的光驱图标上单击鼠标右键,在弹出的快捷菜单中选择"属性"命令,打开"CD 驱动器属性"对话框,单击"自动播放"选项卡,在其中的下拉列表框中选择"音乐 CD"选项,在"操作"栏中选中"选择一个操作来执行(P):"单选按钮,并在其下方的列表框中选择"播放音乐 CD 使用 Windows Media Player"选项,再单击"确定"按钮即可。正确设置后即可实现音乐 CD 光盘的自动播放功能。

4.DVD 光驱不能播放 DVD 影碟

故障现象:DVD 光驱不能播放 DVD 影碟。

故障分析与处理:可能是 DVD 光驱被锁了区码或 DVD 影碟有区码保护,造成 DVD 光驱不能正常播放 DVD 影碟。解决这个问题的方法是使用全区码的 DVD 影碟或使用没有区码限制的 DVD 光驱。

5.IDE 数据线接反导致的故障

故障现象:清洁电脑后电脑不能正常开机,故障现象为硬盘指示灯常亮。

故障分析与处理:应该是硬盘或光驱的 IDE 连接线接反导致的,只需将它重新正确连接即可。

6.灰尘引起的光驱不读盘

故障现象:当光驱放入光盘后感觉光盘在光驱内旋转,光驱指示灯也常亮,但是出现了挑盘或是不读盘的故障。

故障分析与处理:从故障现象来看,可能是由于激光头老化造成的。拆开光驱后,可以用白纸放在激光头上方看激光发出的波束是否减弱,聚光是否精确。如果白纸上有花斑,表明激光头上有灰尘。将激光头清洁干净,可使故障排除。

10.3.7　网卡常见故障及排除实例

网卡用于实现电脑和网络之间的物理连接,为电脑之间相互通信提供一条物理通道,并通过这条通道进行高速的数据传输。在局域网中,每一台电脑都需要安装一块或多块网卡,如果网卡出现故障将影响电脑的数据共享和上网功能。

1. 网卡和其他设备冲突

故障现象：一个小型局域网，用 Ping 命令 Ping 各自的 IP 地址没有问题，但互相不能 Ping 通。

故障分析与处理：经检查，每一台电脑 IP 地址都没有问题，网线的做法和连接都是正确的，但其中的一台电脑通过网线连接到集线器上的指示灯为红色，证明该电脑没有正常连接到网络。先检查网卡是否连接好，重新插拔网卡并安装驱动，重新配置后，故障仍然存在，打开机箱，紧邻网卡的插槽还插着一块 Modem 卡。当把 Modem 卡拔下后，网络访问正常。

2. 无法找到网卡

故障现象：新买的网卡插在主板上，在开机后电脑无法识别网卡，无法安装相应的驱动程序。

故障分析与处理：出现这种现象可能有两个原因导致网卡未被识别：

①网卡为非即插即用网卡，只能通过"添加硬件"的方式安装网卡。

②BIOS 中进行了错误的设置。BIOS 的"BIOS Features Setup"项中有一个"Report No FDD For Windows 98"项，其默认值为"Yes"，而该设置可能导致某些类型的网卡不能被系统识别，只需要将"Report No FDD Windows 98"项的值改为"No"即可。

3. 无法共享文件和打印机

故障现象：将网卡安装驱动并设置好后，可以访问其他电脑，但其他电脑无法共享本机的文件和打印机。

故障分析与处理：出现这种故障可能是由于没有安装文件和打印机共享组件造成的，也有可能是网络设置不正确造成的，可以按如下的步骤来进行检查：

①确认是否安装了文件和打印共享服务组件。要想共享本机上的文件或打印机，必须安装"Microsoft 网络的文件与打印机共享"服务。

②确认是否已经启用了文件或打印机共享服务。在"本地连接属性"对话框中，选中"Microsoft网络的文件与打印机共享"复选框。

10.3.8　显卡和显示器常见故障及排除实例

显卡用于接收由 CPU 发出的控制显示系统的指令和显示内容，然后通过输出端口将显示信号传输到显示器。当显示器工作不正常时，发生故障的可能是显卡，也可能是显示器本身，但是在处理故障时，一般先检查显卡，在排除显卡后，再检测显示器，不要轻易打开显示器的外壳，否则容易造成更大的损坏或发生触电事故。

1. 显卡工作不稳定

故障现象：显卡升级为最新型号，结果使用时工作不稳定，经常出现死机现象。

故障分析与处理：显卡技术的不断进步使得新显卡不断上市，但并未从根本上解决主板和显卡之间的兼容问题，特别是采用威盛芯片组的主板，如果驱动程序不能很好地解决兼容问题，就容易出现故障。如果显卡工作时不能得到稳定充足的电流，也会造成显卡工作不稳定，从而导致死机。

显卡工作不稳定可尝试升级主板芯片组和显卡的驱动程序，尽量解决兼容性问题。如果主板上有可以独立提供 AGP 总线电源的电路，尽量将显卡的供电线连接到上面。有些主板在BIOS里有调节 AGP 电压的选项，可以尝试适当提升一点 AGP 电压来增强 AGP 显卡的稳定性。

2.升级显卡后不能开机

故障现象：电脑主板上有集成显卡，安装杂牌的 Geforce 4 MX 440 显卡就不能开机了。现象是开机后显示器黑屏，过一会主机就自动关机。

故障分析与处理：首先估计是显卡和 AGP 插槽接触不良造成的。经过清洁显卡的金手指和 AGP 插槽后再重新插上，故障仍未解除，但是拔下独立显卡再将显示器连接在集成显卡上使用就正常了。关机重新启动时在 BIOS 中将集成显卡屏蔽掉再插上独立显卡后，机器顺利地进入操作系统，故障排除。

3.显卡超频引起的显示不正常

故障现象：使用显卡时一直超频，后来再使用时屏幕上经常出现一些色块。

故障分析与处理：出现这种故障可能是显示器被磁化或者是显卡工作不正常造成的。有的显示器带有自动消磁电路，只需在控制菜单中选择消磁功能即可，如果没有消磁电路，可以用专用的消磁棒来对显示器进行消磁。如果是显卡方面的原因，估计是显卡长期超频工作，使显卡现在工作不稳定，可将显卡恢复到默认频率下工作。如果显示器还是显示不正常，则有可能是显示芯片有损坏，这就需要更换显卡。

4.显示器驱动程序导致分辨率过低

故障现象：在电脑的"显示属性"对话框中，屏幕的分辨率只能设置为 640×480，颜色为16色。

故障分析与处理：在"设备管理器"中查看显卡属性，驱动程序安装正确且没有冲突。但就是不能设置分辨率和颜色位数。将显卡删除后重新安装驱动程序，但故障仍然存在。再查看显示器类型，发现显示为"不可识别的监视器"，将其删除并安装为即插即用监视器后一切正常，故障排除。

10.3.9　键盘与鼠标常见故障及排除实例

键盘和鼠标是电脑进行人机交互的必要设备，当键盘或鼠标出现故障时，将严重影响用户对电脑的使用。

1.电脑开机时显示找不到键盘

故障现象：电脑开机时提示"Keyboard error or no keyboard present"。

故障分析与处理：前面已经讲过，出现这种找不到键盘的故障，可能是键盘与主机接触不好、键盘或主板接口损坏、键盘接口的插针弯曲等。对于这种故障，处理办法如下：

重新开机，仔细观察键盘右上角的 3 个指示灯是否闪烁，如没有闪烁，可能是键盘与主机的连线没有连接好，检查键盘的连接情况，再重新插拔一次即可。

2.键盘和鼠标接反引起黑屏

故障现象：电脑一开机就黑屏。

故障分析与处理：引起电脑开机就黑屏的原因有很多，可从最简单的方面来着手，检查鼠标和键盘是否是 PS/2 接口，如果是，再检查鼠标、键盘是否插反了，因为键盘和鼠标插反后会引起开机黑屏。关机断电后将键盘和鼠标接口交换即可解决此问题。

3.Enter 键失效引起的奇怪故障

故障现象：单击一次鼠标左键即可打开目标，可是鼠标右键却无法使用。

　　故障分析与处理: 首先检查鼠标是否有问题,在设备管理器中查看鼠标无任何问题,而且更换鼠标后也会出现同样的问题,那么可以断定鼠标没有问题。再检查键盘,是否 Enter 键始终处于按下状态,如果 Enter 键无法复位,单击一次鼠标,再加上 Enter 键的作用自然就可以打开目标了。拆开键盘后,可以发现 Enter 键始终不能复位,修复后重新装上开机检测,故障排除。

　　4.键入字符与显示不一样

　　故障现象: 电脑开机能正常进入 Windows,但用键盘输入字符时,屏幕上显示的字符与输入的字符大不一样。

　　故障分析与处理: 遇到这种故障时,应从以下两个方面来进行检查:

　　①检查主板的键盘接口电路是否发生故障。因为如果电路发生故障,就会使输入端某一处损坏,引起接收代码的某一位始终不发生变化,出现显示与输入字符不一致的现象。

　　②检查键盘电路触发器。如果其中有一个触发器发生了故障,就会造成该位发送代码不发生变化而导致故障。其处理方法为:首先用万用表对主板的键盘接口电路或键盘电路触发器进行检测,找出故障点,然后将发生故障的部件更换掉就可以了。

　　5.资源配置冲突引起鼠标不能使用

　　故障现象: 电脑在使用的过程中,鼠标突然不能移动了。

　　故障分析与处理: 排除故障的操作步骤如下:

　　①检查是否是鼠标的故障,如果替换鼠标后,故障仍然存在。说明鼠标没有任何问题。

　　②进入设备管理器,并选中其中的鼠标选项,删除原来的"标准串行鼠标",逐一更换为其他类型的鼠标进行测试,如果故障仍然存在,说明鼠标配置没有问题。

　　③鼠标的端口设置可能有问题,因为正常模式下鼠标不能使用,因此进入安全模式,进入"设备管理器"窗口,展开"端口"选项,发现其中有 COM1、COM2、COM4 共 3 个端口,原来是 COM2 和 COM4 发生资源冲突引起的故障。将 COM4 删除后,故障排除。

　　6.光电鼠标定位不准

　　故障现象: 光电鼠标在使用的过程中,经常发生飘移的现象,其光标定位也不准。

　　故障分析与处理: 通常能引起这种故障的原因主要有以下几种:

　　①外界的杂散光干扰。

　　②晶振或 IC 质量问题。

　　③电路虚焊。

10.4　常用测试软件介绍

10.4.1　测试软件的种类

　　目前,随着计算机的快速普及,满足广大用户使用的计算机的一般测试也成了一项比较重要的工作,目前市场上的测试软件大致分为以下几类:

　　①计算机的硬件测试软件,它主要是为了识别硬件的真伪和了解硬件的性能表现。

　　②计算机的整机测试软件,它主要是确定系统瓶颈、合理配置电脑和测试优化硬件及系统性能。

　　③计算机的单独部件的测试软件,它主要是为了了解计算机某一部件的特性和性能指标。

10.4.2　用 HWINFO 32 进行硬件测试

HWINFO 32 是一个专业的系统硬件检测工具,支持最新的技术和标准。它可以全面检测计算机的硬件配置,包括以下几个方面:

1.分层显示所有硬件

在软件的左侧,以树状目录的形式显示出硬件的所有节点,单击某一个节点,就可以在右侧的详细信息栏中显示出该结点的详细信息,图 10-7 所示为 CPU 的详细信息。

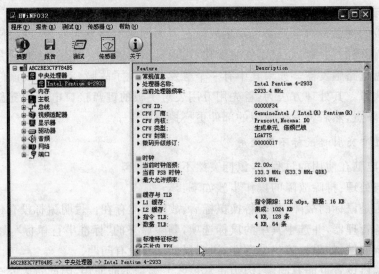

图 10-7　CPU 详细信息

2.执行基准测试

该软件可以根据自己的需要来选择需要的测试,单击工具栏中的"测试"按钮,会弹出"选择要执行的测试"对话框,在对话框中选择需要进行的测试,如图 10-8 所示,单击"开始"按钮,会显示出最终的测试结果,如图 10-9 所示。

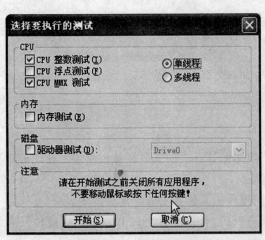

图 10-8　选择要执行的测试

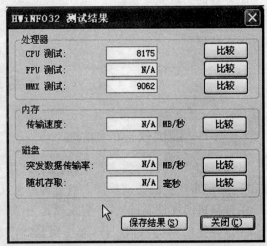

图 10-9　基准测试结果

3.创建多种日志类型

该软件可以根据用户的需求显示出多种报告,如图 10-10 所示。

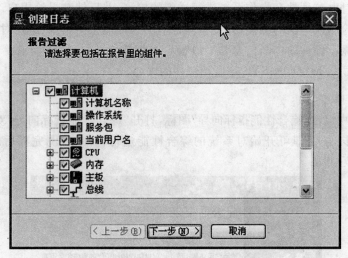

图 10-10　创建多种日志类型

10.4.3　用 SiSoft Sandra 进行整机测试

1.SiSoft Sandra 软件介绍

SiSoft Sandra 是一套功能强大的系统分析评测工具,拥有超过 30 种以上的测试项目,主要包括 CPU、Drives、CD/DVD-ROM、Memory、SCSI、APM/ACPI、鼠标、键盘、网络、主板、打印机等。全面支持当前各种芯片组和 Intel、AMD 平台。

启动 SiSoft Sandra 后,将打开如图 10-11 所示的"SiSoft Sandra"窗口。其中包含了 5 个测试项目类别,分别为向导模块、信息模块、对比模块、测试模块和列表模块。

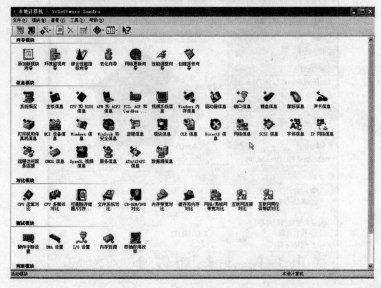

图 10-11　"SiSoft Sandra"窗口

①向导模块：提供智能化操作，只需按提示执行即可。这里主要使用"综合性能指标向导"项目，通过该项目可以检测电脑的综合性能。

②信息模块：对电脑硬件和操作系统进行详细的检测，并反馈结果给用户。

③对比模块：检测该电脑的性能，并提供其他电脑的性能检测结果，进行对比。

④测试模块：显示硬件的中断信息和 I/O 设置等相关信息。

⑤列表模块：显示 MSDOS、SYS 等启动文件的内容。

2. 综合性能测试

在"向导模块"中双击"综合性能指标向导"图标，打开"综合性能指标向导"对话框，如图 10-12 所示。单击"下一步"按钮即可开始对系统的综合性能进行检测，检测完成后的结果如图 10-13 所示。

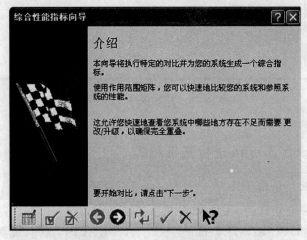

图 10-12　"综合性能指标向导"对话框

图 10-13　综合性能测试结果

3. CPU 运算对比

在"对比模块"中双击"CPU 运算对比"图标，打开"CPU 运算对比"对话框，如图 10-14 所示。在"参照 CPU1"等下拉列表框中选择需进行参照的系统。单击下方的"刷新"按钮，等待一段时间后，即可得到结果，如图 10-15 所示。

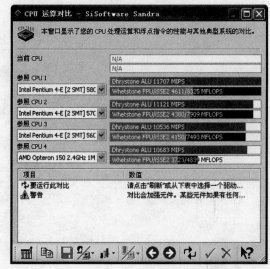 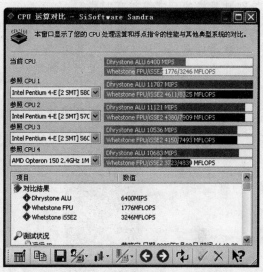

图 10-14　"CPU 运算对比"对话框　　　　　图 10-15　"CPU 运算对比"测试结果

继续单击"下一步"按钮可进行下一个检测，其操作方法相同，这里不再赘述。

4. 其他功能

SiSoftware Sandra 可以对电脑系统进行多方面的检测。同时，还可以通过其菜单命令调用其他 Windows 组件程序。在 SiSoftware Sandra 的主界面中单击"工具"菜单项，即可看到常用的 Windows 组件程序都在这里，可以很方便地调用。

10.5　实　　训

计算机故障的检测及排除

【目的与要求】

1. 掌握计算机故障的检测方法和检测过程。

2. 重点掌握对计算机常见硬件故障和软件故障的排除方法。

【实训内容】

1. 松动计算机的内存条，根据 CMOS 声音判断故障。

2. 更改计算机的启动顺序，使计算机以光驱启动。

3. 关闭集成声卡设置，使计算机无法发声。

4. 在操作系统中，删除网卡的驱动程序。

10.6 习　题

1. 计算机的工作环境要求主要有哪些?

2. 计算机的日常维护有哪些?

3. 简述计算机软件故障的解决方法。

4. 检测计算机硬件故障有哪些方法?

5. 在检测电脑故障时应注意哪些问题?

6. 引起 CPU 故障的主要原因有哪些?

7. 引起主板故障的主要原因有哪些?

8. 引起显卡故障的主要原因有哪些?

第11章 预防与查杀计算机病毒和木马

【学习要点】 计算机病毒、木马的预防；瑞星杀毒软件的使用；天网防火墙的设置程序规则与 IP 规则；AVG Anti-Spyware 查杀木马。

本章主要介绍如何利用杀毒软件、防火墙软件及木马查杀工具对付计算机病毒与木马的方法，从而保证计算机系统正常工作。

11.1 预防与查杀计算机病毒

计算机病毒是指人为编写的能够破坏计算机系统，影响计算机工作并能实现自我复制的一段程序或指令代码。它具有传染性、潜伏性、隐藏性、破坏性、传播性等基本特性，一般不能独立存在，通常将自身写入其他文件中，尤其是一些可执行文件和文档文件等。如果用户不小心执行了带病毒文件，病毒就会被激活。它根据病毒制作者的意图伺机进行传播和危害。电脑病毒发作后，就可能进行破坏活动，轻则占用系统资源，降低电脑运行速度，重则使文件、数据被肆意篡改或全部丢失，甚至使整个电脑系统或网络瘫痪。

11.1.1 计算机病毒的防治

随着 Internet 的迅速发展，计算机病毒的传播从通过软盘传播发展到以移动存储设备及网络传播作为主要传播途径。并且现在的病毒变化、更新、传播都很快。

预防计算机病毒常采取的措施：

①开启防火墙。防火墙可以对病毒和木马的扫描、攻击、复制三个过程起到阻止的作用。

②尽量关闭不需要的文件共享及系统共享。Windows 操作系统一般都有 C＄、D＄、ADMIN＄、IPC＄等默认的共享，而一般情况下普通用户不一定用到这些共享。如果把这些共享属性去掉，或者只开放只读权限，那么病毒文件就无法复制到本地。

③强制执行密码策略。检查本机所使用的账户，删除不需要的账户。对于必需的账户使用复杂的密码，不要使用与他人相同的密码。

④及时安装操作系统的安全补丁及其他软件的安全补丁。例如，安装微软的针对振荡波（W32. sasser）的 MS04-011 补丁，以阻止基于漏洞的攻击。

⑤对于一些比较重要的电脑，有必要经常做一些维护工作。例如，定期检查服务、进程、注册表中是否有可疑项，并关闭或删除不需要的服务或者启动项。默认情况下，许多操作系统会安装不常用的辅助服务，如 FTP 客户端、Telnet 和 Web 服务器。这些服务为攻击者提供了方便之门。如果删除他们，就减少了蠕虫用于攻击的途径，并且在补丁程序更新时也减少了需要维护的服务。

⑥对于已经受到感染，并确认是感染源的电脑，有必要把它从网络中隔离，以防止其进一步感染其他的电脑。进行杀毒以后，再连接到局域网中。

⑦不要打开来路不明的邮件附件,也不要执行从 Internet 下载后未经病毒扫描的软件,或者访问可疑的网页,对于移动硬盘、U 盘等,需要先进行病毒扫描后再打开。事实上,局域网内的第一台受感染的电脑往往是通过这些渠道感染病毒的。例如,熊猫烧香病毒就可以通过受感染的 Internet 网页和移动硬盘的自动播放属性来传染病毒。

⑧针对主机和关键的应用系统,提供深层次的保护。例如,主机入侵检测和关键系统的实时防护。

⑨对重要的数据进行备份,以便发生数据损坏时能够恢复。

11.1.2　瑞星杀毒软件的安装和使用

对付病毒的手段很多,对于普通用户来说,最简单有效的手段是使用杀毒软件。通过杀毒软件可以有效地杀灭计算机病毒,保护计算机正常工作。下面就以瑞星杀毒软件为例来介绍杀毒软件的安装和使用。

1.瑞星杀毒软件的安装

①启动计算机并进入 Windows 系统,关闭其他应用程序。

②将瑞星杀毒软件光盘放入光驱,系统会自动显示安装界面,选择"安装瑞星杀毒软件"。如果没有自动显示安装界面,也可以浏览光盘,运行光盘根目录下的 Autorun.exe 程序,在弹出的安装界面中选择"安装瑞星杀毒软件"。

③在弹出的语言选择框中,选择"中文简体",单击"确定"开始安装。进入安装欢迎界面,单击"下一步"继续。

④阅读"最终用户许可协议",选择"我接受",如图 11-1 所示,单击"下一步"继续。

⑤在"验证产品序列号和用户 ID"窗口中,正确输入产品序列号和 12 位用户 ID(产品序列号与用户 ID,见用户身份卡),如图 11-2 所示,单击"下一步"继续。

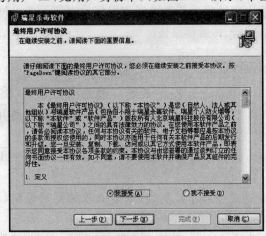
图 11-1　最终用户许可协议

图 11-2　验证产品序列号界面

⑥在"定制安装"窗口中,选择需要安装的组件,如图 11-3 所示。用户可以在下拉菜单中选择全部安装或最小安装,也可以在列表中选择需要安装的组件;可单击"下一步"继续安装,也可以直接单击"完成"按钮,按照默认方式进行安装。

⑦在"选择目标文件夹"窗口中,用户可以指定瑞星杀毒软件的安装目录,如图 11-4 所示,单击"下一步"继续安装。

图 11-3 定制安装界面

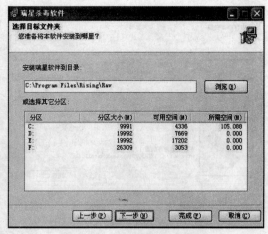

图 11-4 选择目标文件夹界面

⑧在"选择开始菜单文件夹"窗口中输入程序组名称,如图 11-5 所示。单击"下一步"继续安装。

⑨在"安装信息"窗口中,显示了安装路径和程序组名称的信息,如图 11-6 所示。用户可以选择"安装之前执行内存病毒扫描(S)"选项,确保在一个无毒的环境中安装瑞星杀毒软件,确认后单击"下一步"开始复制文件。

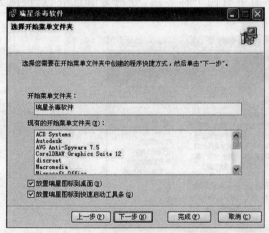

图 11-5 选择开始菜单文件夹界面

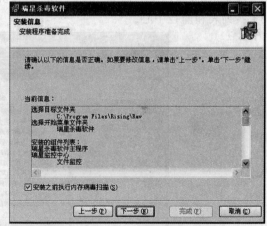

图 11-6 安装信息界面

⑩如果用户在上一步选择了"安装之前执行内存病毒扫描(S)"选项,在"瑞星内存病毒扫描"窗口中程序将进行系统内存扫描,如图 11-7 所示。如果用户需要跳过此功能,请选择"跳过"按钮继续安装。

⑪文件复制完成后,在"结束"窗口中,用户可以选择"运行设置向导"、"运行瑞星杀毒软件主程序"、"运行监控中心"和"运行注册向导"四项来启动相应程序,如图 11-8 所示,最后选择"完成"结束安装。如果选择运行设置向导,将提示用户一步步完成软件的设置。

2. 瑞星杀毒软件的使用

(1)启动瑞星杀毒软件

用户可以使用以下任意一种方式启动瑞星杀毒软件:

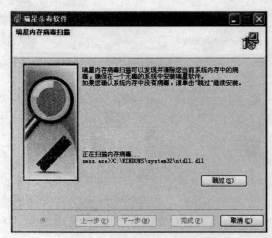

图 11-7　执行内存病毒扫描界面

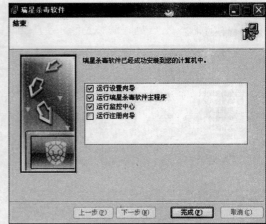

图 11-8　完成界面

①双击桌面上的瑞星杀毒软件快捷方式图标。

②单击 Windows 快速启动栏中的瑞星杀毒软件图标。

③选择"开始"→"程序"→"瑞星杀毒软件"→"瑞星杀毒软件"。

（2）查杀计算机病毒

"瑞星杀毒软件"主界面如图 11-9 所示，该界面中有四个标签项，分别为信息中心、快捷方式、工具列表和监控中心。

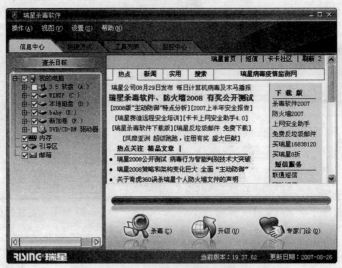

图 11-9　"瑞星杀毒软件"主界面

　　①信息中心。在"查杀目标"栏中，在要杀毒的对象前加"√"表示要对该对象中的文件杀毒，去掉"√"表示忽略该对象。单击磁盘前的"＋"符号，可展开目录树，对目录树中的对象同样可以指定要对哪些对象杀毒。"查杀目标"栏的右边显示的是瑞星网站发布的一些信息，在杀毒时这个区域将显示文件感染病毒的情况及处理结果。

　　"升级"按钮，可以使杀毒软件通过网络下载最新的病毒库和杀毒引擎，如果不升级软件，一些新出现的病毒可能就不能查杀。

"专家门诊"是瑞星反病毒专家利用远程服务平台，与客户在线一对一进行交流，解答客户在计算机使用时遇到的安全问题，进行病毒查杀及防范指导，帮助客户诊断安全隐患。单击该按钮可通过网络到瑞星网站进行申领。

当设置好杀毒对象后，单击"杀毒"按钮，计算机便对用户指定的对象进行病毒检查，发现病毒便按用户的设置进行相应的处理，并将结果显示在屏幕上。用户在使用杀毒软件的过程中，杀毒软件可能会给出以下几种提示：

"清除成功"：将病毒体从染毒文件中成功剥离（清除），原文件仍然保留，并且是无毒状态的。

"清除失败"：对于这样的文件，如果不是有用的文件可以在杀毒软件扫描结果处，用鼠标右键单击病毒项，在弹出菜单中选择"删除此文件"，从而将染毒文件从计算机上删除。

"删除失败"：一般是因为杀毒软件要删除的染毒文件当前正在使用中，受到系统保护，无法删除。可以重新启动计算机，直接使用瑞星软件再杀毒。如果依然无法删除染毒文件，则可以进入操作系统的安全模式中使用瑞星杀毒，或者按照瑞星软件扫描的路径手工删除染毒文件。

"删除成功"：直接删除了染毒文件。为防止用户出现误删除文件的情况，瑞星在对染毒文件进行处理前，会在"病毒隔离系统"中进行备份，如用户不小心误删除了文件，可以通过"病毒隔离系统"进行恢复。病毒隔离系统中的文件，是瑞星杀毒软件在处理病毒时备份的染毒文件副本。目的是在有特殊需要时能够恢复。当用户确认病毒隔离系统中的文件不再是自己所需要的文件时，可以清空病毒隔离系统，或者有选择地进行删除。

②快捷方式。该标签项中的操作项是提前为用户预置的杀毒对象，用户直接双击即可执行杀毒程序。

③工具列表。该标签内列出了瑞星工具，选择某项工具后，点"运行"按钮即可打开该工具的界面。下面简单介绍一下各工具功能：

病毒隔离系统：将染毒文件的原文件备份并隔离，用户也可将隔离文件恢复。

漏洞扫描：以微软公司公布的补丁为准，来扫描操作系统的补丁升级状况和系统的安全设置，减少遭受攻击的风险，降低安全隐患，帮助用户自动安装补丁。它的功能随着杀毒软件升级而升级。

其他嵌入式查杀：可实现对即时通讯软件、下载软件及其他软件的嵌入杀毒。

瑞星 U 盘杀毒工具：可以将最新的病毒库存入 U 盘。然后利用瑞星安装光盘引导计算机，加载 U 盘上的病毒库，实现对硬盘的杀毒。

瑞星安装包制作程序：可以将当前计算机上最新瑞星软件及病毒库制作成安装程序存入 U 盘等，在以后重新安装了系统或者需要单独重新安装瑞星软件时，减少了升级需要下载大量数据的麻烦。

瑞星监控中心：用来设置监控的内容，运行后将切换到"监控中心"标签项。

注册表修复工具：用于修复被恶意篡改的注册项。

④监控中心。用户可根据需要设定要监控的内容，监控的项越多，对系统运行的速度影响越大。

3. 杀毒软件的设置

综合大多数用户的通常使用情况，瑞星杀毒软件已预先做了合理的默认设置。因此，用户在通常情况下无须改动任何设置即可进行病毒的查杀。但有时为了实现某些个性化的功能，如只查杀某类文件、杀毒结束的自动关机、对某些目录不杀毒等，就需要对软件进行设置。

进入软件设置的方法是：选择"设置"→"详细设置"命令，弹出"瑞星设置"对话框，如图 11-10 所示。左边的树型结构列出了要设置的项，右边的区域用来显示左边选定项需设置的具体内容,用户可以通过更改这些内容,实现对瑞星功能的定制。若右边界面中有"切换至高级设置(F2)"链接,可以单击该项切换到更详细的设置内容。

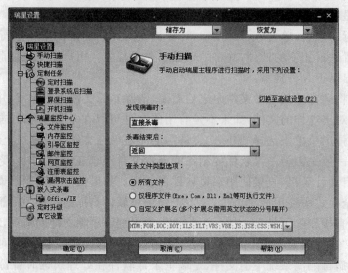

图 11-10　"瑞星设置"对话框

11.2　预防与查杀计算机木马

随着 Internet 的普及,木马利用互联网四处泛滥,对计算机网络及网络用户造成很大危害,对付计算机木马成为保障信息安全的重要内容。

11.2.1　木马的危害

木马是人为编写的具备破坏和删除文件、发送密码、记录键盘和攻击等特殊功能的后台程序。一般的木马程序都包括客户端和服务器端两个程序,其中客户端是攻击者用于远程控制植入木马的计算机,服务器端,即木马程序被植入、受攻击的计算机。当服务器端程序安装在某台连接到网络的电脑后,就能使用客户端程序对其进行登录,一旦登录成功,就可以获得对方电脑的控制权。它和病毒不同,一般不具有自我复制能力。

1. 木马的危害

2007 年上半年,电脑病毒异常活跃,木马、蠕虫等轮番攻击互联网,从熊猫烧香、灰鸽子到艾妮、AV 终结者,重大恶性病毒频繁发作,危害程度也在逐步加强,互联网安全面临的威胁更加严峻。其中木马占 68% 以上。它们的危害主要集中表现在以下几个方面:

(1)破坏用户系统

有些病毒专门与杀毒软件对抗,破坏用户电脑的安全防护系统,并在用户电脑毫无抵抗力的情况下,大量下载盗号木马或安装后门程序。如"QQ 尾巴"自诞生以来衍生出大量的变种,某些变种会添加到起始项,修改文件关联,禁用进程管理器,关闭大量的安全软件,对用户系统安全性能带来极大威胁。

(2)对计算机实现远程控制,实现非法目的

有些木马(如灰鸽子)通过蓄意捆绑到一些所谓的免费软件中,并放到互联网上,诱骗用户下

载。因为其具有很强的隐蔽性,所以用户一旦从不知名网站下载并误运行了这些软件,机器就会被控制,而且很难发觉。攻击者可以对感染机器进行多种操作,如文件操作、注册表操作、强行视频等等。如果远程控制的是企业的计算机,则可以了解企业的内部资料及绝密文件并将其下载。

(3)盗取账户和密码

它们通过监控某种软件的登录窗口,并记录键盘信息,把窃取的信息自动发送到黑客的邮箱中。通过盗取网络游戏账户、操作系统管理账户、网络通讯工具账户或数据库管理账户,给用户带来损失。如网游盗号木马、魔兽木马、网银大盗等。

(4)危害网络正常工作

近年来,DoS 攻击行为越来越泛滥,当恶意用户入侵了计算机并种上 DoS 攻击木马,那么这台计算机就充当了杀手的角色听从恶意用户的指令,攻击者可以利用它来攻击其他计算机,给网络用户造成很大的伤害和损失。

2.木马的传播途径

①通过电子邮件的附件传播。

②伪装成游戏、Flash 文件或其他软件诱使用户下载执行。

③通过在一些防护薄弱网站的网页中嵌入木马或利用 ARP 欺骗技术诱使用户访问带木马的网页,并利用本地浏览器漏洞传播木马。

④通过已感染木马的即时聊天工具(如 QQ),向你的朋友发布一些欺骗性的链接信息,诱使用户打开链接。

⑤利用 U 盘或软盘等移动存储介质传播。

3.对付木马的手段

要对付木马应该在计算机上安装并及时升级防病毒软件、防木马软件、防火墙软件,及时安装系统补丁;对不明来历的电子邮件和附件不予理睬;经常去安全网站转一转,以便及时了解一些新木马的底细,做到知己知彼,百战不殆;尽量避免从 Internet 下载不知名的软件、游戏程序,即使从知名的网站下载的软件也要及时用最新的病毒和木马查杀软件对软件和系统进行扫描;密码设置尽可能使用字母数字混排,单纯的英文或者数字很容易穷举,重要密码最好经常更换。

11.2.2　使用 AVG Anti-Spyware 查杀木马

AVG Anti-Spyware 是 Grisoft 公司的一款防木马软件。它可以确保用户的数据安全、保护隐私、抵御间谍软件、广告软件、木马、拨号程序、键盘记录程序和蠕虫的威胁,能有效地检测出多形态和进程注入式木马。作为对杀毒软件功能的补充是一个不错的选择,但是不能完全代替杀毒软件。该软件是一个共享软件,没有注册前有 30 天的试用期。下面我们以它的汉化版为例来介绍其使用方法。

该软件随计算机的启动而启动,双击任务栏右下角带有"S"标记的图标,就可打开主界面,如图 11-11 所示。

1.升级病毒库

AVG Anti-Spyware 软件安装完毕后,第一时间应该做的就是升级病毒库,这样才能更好地识别与清除最新的广告木马间谍程序。具体步骤:在状态界面中单击"立即更新"或在"更新"选项卡单击"开始更新"。

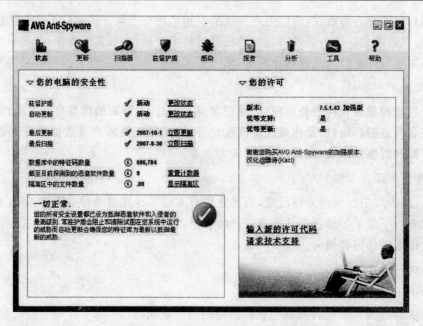

图 11-11　AVG Anti-Spyware 的主界面

2. AVG Anti-Spyware 的设置

单击主界面中的"扫描器"按钮,然后单击"设置",打开"设置"选项卡,如图 11-12 所示。

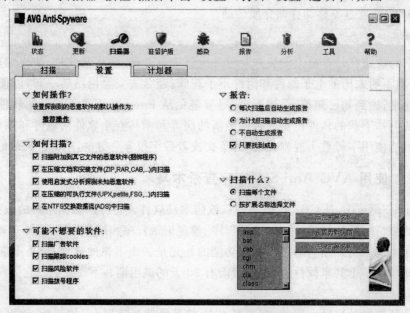

图 11-12　AVG Anti-Spyware 设置界面

①在"如何操作"选项下单击"推荐操作"会弹出下拉菜单,用来选择发现恶意软件的默认操作选项。从上到下依次是:"忽略一次"、"隔离"、"删除"、"添加到例外"、"推荐操作"。根据需要可选择需要设置的操作。推荐选择"隔离",以免误杀一些有用程序后不可以恢复。

②在"如何扫描"选项下建议选中所有选项。

③在"可能不想要的软件"选项下建议选中所有选项。

④在"报告"选项下用户可以决定在什么情况下需生成扫描报告和生成扫描报告的方式。

⑤在"扫描什么"选项下用户可选择：

a. 扫描每个文件：最安全，但速度慢，消耗资源大。

b. 按扩展名称选择文件：用户可以对列表中列出的文件类型进行修改。如果没有用户需要扫描的文件类型，那么可以在空白处输入该文件类型的后缀名，然后单击"添加扩展名称"。如果不想扫描某些文件类型，可以选择该文件类型的后缀名，再单击"去除扩展名称"。如果要恢复默认值，可单击"设置为默认值"。

如果想加快扫描速度和占用资源少一些，可以只选择扫描可执行文件；如果安全性要求比较高，推荐扫描所有文件。

3. 驻留护盾设置

该功能可以设置防御恶意软件的状态。单击"驻留护盾"选项进入实时监控设置，如图 11-13 所示。

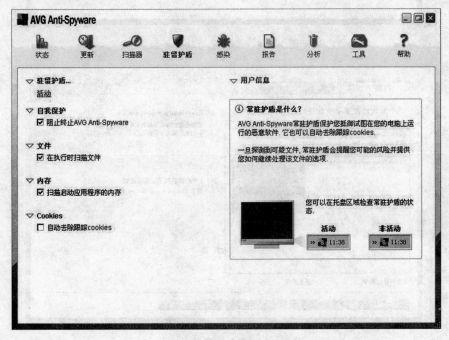

图 11-13　驻留护盾界面

"驻留护盾"状态建议选择"活动"。其他各项建议全部选中。

4. 用 AVG Anti-Spyware 扫描恶意软件

单击主界面中的"扫描器"按钮，然后单击"扫描"，打开"扫描"选项卡，如图 11-14 所示。

根据需要选择一种扫描方式即可。扫描完毕后，检测到恶意软件的风险度分高、中、低，其中高风险级别的绝大部分就是恶意软件，推荐删除。低风险的可能是一些注册机之类的软件，应仔细查看后再决定是否删除。单击"操作"列中的某一行会弹出快捷菜单如图 11-15 所示，然后选择处理方式。由上到下分别是"隔离"、"删除"、"在重启动时删除"、"忽略一次"和"添加到例外"。选择好后，单击"应用所有操作"可以对查找到的恶意软件执行操作列所指定的操作。

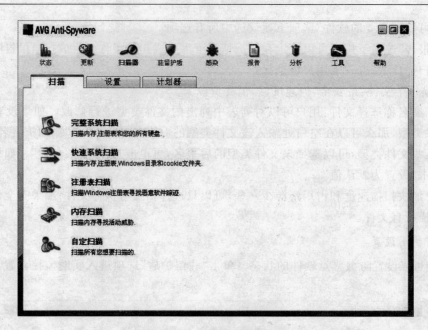

图 11-14　扫描恶意软件界面

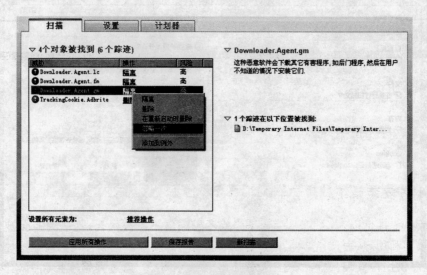

图 11-15　恶意软件的处理界面

5. AVG Anti-Spyware 的分析工具

单击主界面中的"分析"按钮,打开实用工具界面,如图 11-16 所示。各项功能如下:

◆ 进程:查看和终止可疑进程。

◆ 连接:查看本机的程序连接网络情况,看到有可疑程序连接网络就要注意。

◆ 自动启动:可以查看和禁止随计算机启动而自动启动的程序。

◆ 浏览器插件:查看和移除浏览器插件。

◆ LSP 查看器:LSP 全称为 Layered Service Provider,中文名为分层服务提供程序。如果电脑的 LSP 协议被劫持,例如:访问网站时弹出窗口或经常被重定向到其他网站,这时选择隐藏系统 LSP 就可以看到非法劫持的 LSP 了。

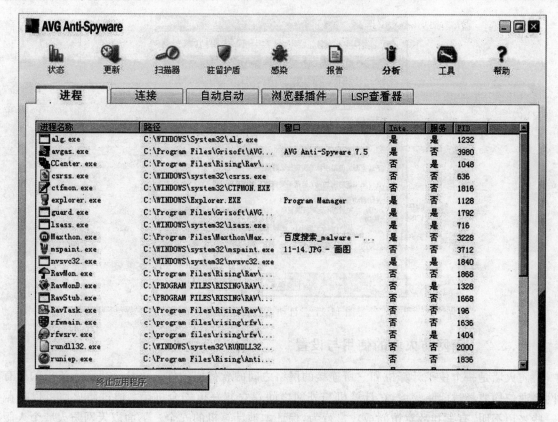

图 11-16　实用工具界面

11.3　其他安全措施

11.3.1　安装系统补丁包

自 Windows 推出以来,系统自身的缺陷或者漏洞就不断被发现,这些漏洞会被病毒、木马、恶意脚本、黑客利用,从而严重影响电脑的使用和网络的安全。微软公司为修正这些错误会不断发布升级程序供用户安装。这些升级程序就是"系统补丁"。通过网络连接到微软网站,可下载这些"补丁"。

我们除了通过杀毒软件或其他安全软件提供的安装补丁工具进行补丁的安装外,还可以使用操作系统提供的补丁工具。常用的方法有以下两种:

1. 自动更新

在"我的电脑"上右键单击选择"属性",单击"自动更新"选项卡,打开如图 11-17 所示的界面。用户可以根据自己的需要来设置更新。

2. 使用 Windows Update 来更新

单击"开始"菜单,选择"Windows Update",可打开 IE 浏览器并连接到 Windows Update 网站,根据提示可以下载并安装补丁。

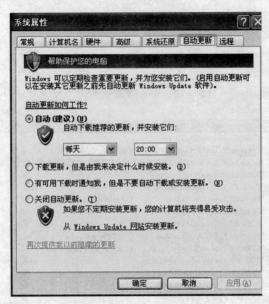

图 11-17　　自动更新设置界面

11.3.2　天网防火墙的使用与设置

防火墙是一个位于计算机和它所连接的网络之间的软件或硬件。该计算机流入流出的所有网络通信均要经过此防火墙,在计算机与外网之间建立起一道安全屏障。通过防火墙可以拦截一些来历不明、有害和敌意访问或攻击行为,保证本地计算机的安全。下面以天网防火墙个人版为例来介绍防火墙的用法。

防火墙说到底是通过应用访问规则来实现对计算机的保护。它包括应用程序规则、IP 规则,这些安全规则的设置是系统最重要也是最复杂的地方。天网防火墙个人版主界面如图 11-18 所示,鼠标在界面按钮图标上停一会儿可显示出按钮的名称。从左向右各按钮名称分别是:应用程序规则、IP 规则管理、系统设置、应用程序网络状态、日志、天网资讯通、天网在线升级、关于天网防火墙、帮助。

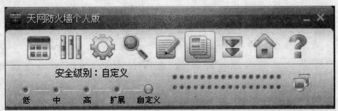

图 11-18　　天网防火墙个人版主界面

另外还有安全级别五个设置选项,天网防火墙个人版的主界面中预设安全级别分为低、中、高、扩展和自定义五个等级,默认的安全等级为中级。

注意:天网防火墙个人版的预设安全级别是为了方便不熟悉天网防火墙的用户能够很好地使用天网防火墙而设置的。如果用户选择了采用某一种预设安全级别设置,那么天网防火墙就会屏蔽掉其他安全级别里的规则。

在主界面的右下角还有"断开/接通网络"按钮,如果按下"断开/接通网络"按钮,那么计算机就将完全与网络断开,就好像拔下了网线一样。没有任何人可以访问用户的计算机,同时自己也不可以访问网络。这是在遇到频繁攻击的时候最有效的应对方法。

下面我们介绍几个常用按钮的功能及用法。

1. 应用程序规则设置

应用程序规则是针对应用程序而设置的网络访问规则。单击"应用程序规则"按钮后，展开应用程序规则列表，如图 11-19 所示。列出了当前计算机程序访问网络的规则设置情况。每条应用程序规则的后面有几个按钮，"√"表示一直允许访问网络，"?"表示每次访问网络弹出对话框，"×"表示不允许访问网络，"选项"按钮可以让用户打开高级设置页面设置该程序更为详尽的数据传输封包过滤方式，"删除"按钮可删除选择的规则。

应用程序规则的加入有以下两种途径：

(1) 根据提示设置程序规则

在天网防火墙个人版运行的情况下，任何应用程序只要有通信传输数据包发送和接收动作，就会被天网防火墙个人版先截获分析，并弹出窗口，如图 11-20 所示，询问用户是允许还是禁止。这时用户可以根据需要来决定是否允许应用程序访问网络。在以下两种情况下会弹出警告对话框。

图 11-19　应用程序规则界面

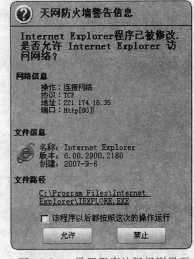

图 11-20　设置程序访问规则界面

①程序首次访问网络。

②记录在应用程序规则列表中的应用程序 MD5 值（它是一种加密算法，通过 MD5 值的变化可以监控应用程序的完整性，当黑客通过植入木马或者恶意篡改程序的方式改变了程序后，程序的 MD5 值就会改变）改变。

如果选中"该程序以后都按照这次的操作运行"选项，该应用程序将自动加入到应用程序规则列表中，用户可以通过应用程序设置来设置更为详尽的数据传输封包过滤方式。

(2) 自定义应用程序规则

自定义应用程序规则是手动设定的应用程序访问网络的权限。

2. 系统设置

在防火墙的控制面板中单击"系统设置"按钮即可展开防火墙系统设置面板。天网个人版防火墙系统设置界面如图 11-21 所示，用户可根据需要进行设置。

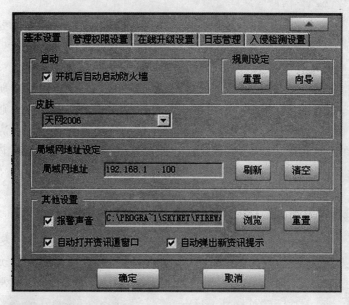

图 11-21　系统设置界面

3.升级

　　在线升级模块会利用网络自动搜寻是否有天网防火墙个人版的更新信息。如果有,在线升级模块会提示用户是否选择升级,用户也可单击该按钮实现升级。

11.4　实　　　训

安装设置瑞星杀毒软件、天网防火墙、AVG Anti-Spyware

【目的与要求】

1.掌握瑞星杀毒软件、天网防火墙的使用。

2.掌握 AVG Anti-Spyware 的使用。

【实训内容】

1.安装瑞星杀毒软件并升级,然后对硬盘、U盘杀毒,杀毒结束后自动关机。

2.利用瑞星工具查找系统漏洞,并安装系统补丁。

3.安装设置天网防火墙。

4.安装设置 AVG Anti-Spyware,升级后查杀木马。

5.开启操作系统的自动更新功能。

11.5　习　　　题

1.如何预防计算机病毒?

2.如何预防木马?

3.木马的传播途径是什么?

4.瑞星杀毒软件、天网防火墙、AVG Anti-Spyware 各自的功能是什么? 它们在保证计算机安全方面的作用分别是什么?

第12章　系统备份与还原

【学习要点】 Windows 的系统还原；使用一键还原精灵备份、还原系统；使用 Ghost 备份、还原系统。

由于病毒、木马、流氓软件、误操作等种种原因，Windows 系统崩溃是很多用户经常遇到的问题。重装系统费时费力。我们可以使用各种还原软件，在系统崩溃时只需要轻点鼠标，按几下按键或输入几个简单的命令即可恢复系统。

12.1　使用 Windows 自带的系统还原功能

利用 Windows(Windows Me/XP/Vista 版本)的系统还原功能，用户在遇到问题时可将机器还原到以前的状态。系统还原功能自动监控系统文件的更改和某些应用程序文件的更改，记录或存储更改之前的状态。还原点在发生重大系统事件(例如，安装应用程序或驱动程序)时创建，同时也会定期(每天)创建。此外，用户还可以随时创建和命名自己的还原点。

只有具有管理员权限的用户才可以使用系统还原功能来还原系统。但是，还原点的创建过程与管理员是否登录无关。例如，在非管理员的其他用户使用机器时，系统还原仍将创建系统还原点，但该用户不能使用还原功能。

12.1.1　系统备份

①单击"开始"→"程序"→"所有程序"→"附件"→"系统工具"→"系统还原"命令来启动系统还原程序。

②开始系统还原程序之后，选择"创建一个还原点"，如图 12-1 所示，然后单击"下一步"。

③给自己要创建的还原点起个名字，如图 12-2 所示。还原点创建成功后可以选择回到主界面还是关闭系统还原程序，之后就可以在系统还原的日历中看到自己所创建的还原点了。

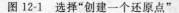
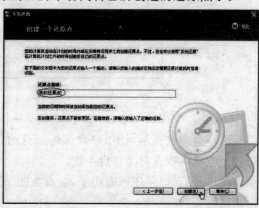

图 12-1　选择"创建一个还原点"　　　　图 12-2　给还原点起个名字

12.1.2　系统还原

①启动系统还原程序，选择"恢复我的计算机到一个较早的时间"，如图 12-3 所示，然后单击"下一步"按钮。

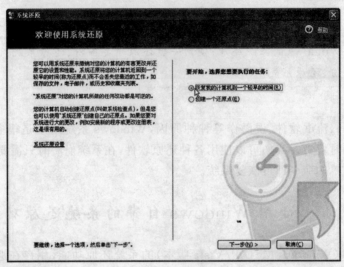

图 12-3　选择"恢复我的计算机到一个较早的时间"

②在日历上选择一个电脑出问题之前的可用还原点。如果哪天有还原点，那个日期的字体会比较粗一点。选择日期之后还可以再继续选择还原到那一天的那一个还原点，如图 12-4 所示。

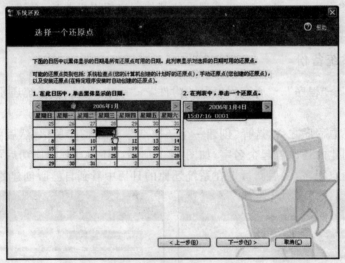

图 12-4　选择一个还原点

③屏幕会有些提示，让用户确认还原点的选择，如图 12-5 所示，单击"下一步"开始还原，中间过程中电脑一般会自动重启一次。

④重启之后，如果还原成功了，会有如图 12-6 所示的提示。如果不成功，可以选择别的还原点再试试看。

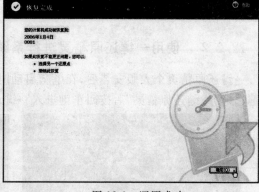

图 12-5　确认还原点选择　　　　　　　　　　图 12-6　还原成功

12.2　使用一键还原精灵进行系统备份与还原

一键还原精灵是一个非常简单好用的系统备份与还原工具,并且它是免费软件,没有使用时间及次数限制,用户可以放心地使用。

12.2.1　一键还原精灵简介

1.一键还原精灵的特点

①安装"傻瓜",明了简约。安装使用实现傻瓜化操作,没有软驱或光驱的用户同样可以安装使用。

②操作简单,保密可靠。不需要用任何启动盘,只需开机时选择菜单即可还原系统,并可设置二级密码保护。

③安全快速,性能稳定。软件是以 Ghost 8.3 为基础开发的,无须修改硬盘分区表及 MBR,具有安全、稳定、快速的特点,绝不破坏硬盘数据。用来存放备份镜像的文件夹不会受到破坏,更好地保护了备份文件。

④智能灵活,节约空间。自动选择存放备份文件的分区,如果最后分区可用空间大于 C 分区已用空间则将备份文件放在此分区,否则自动检查倒数第二分区,以此类推……同时将所要备份的分区进行高压缩备份,最大限度地节省硬盘空间。并可随时更新备份,卸载方便安全。

⑤独立高效,兼容性好。软件只在还原或备份时运行,不占用系统资源;可兼容所有分区工具;支持 FAT、FAT32 及 NTFS 分区格式;支持 Windows 2000/XP/2003/Server/NT 等系统;支持多硬盘多分区的备份、还原。

⑥瞬间还原,昨日重现。电脑若被病毒木马感染或主页被修改得面目全非,启动电脑时选择菜单还原,操作系统即可恢复到健康状态。

2.使用一键还原精灵个人版注意事项

①安装一键还原精灵个人版后不得更改硬盘分区数量和隐藏硬盘某个分区,否则将导致本软件失效。如确要更改或隐藏分区,请先卸载一键还原精灵个人版。

②不得格式化硬盘上 C 分区及备份文件所在分区,否则一键还原精灵个人版可能失效。

③一键还原精灵个人版不支持双硬盘。

④如果硬盘超过 137 GB 且安装后一键还原精灵不能正常使用，须进入 BIOS 将硬盘模式设置成兼容模式：Compatible Mode。

12.2.2 使用一键还原精灵进行系统备份还原

一键还原精灵个人版安装后，在电脑启动时会出现开机选择菜单，如图 12-7 所示，此时按箭头键选择"一键还原精灵"后按回车键进入一键还原精灵个人版主界面，如图 12-8 所示。

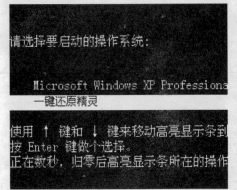

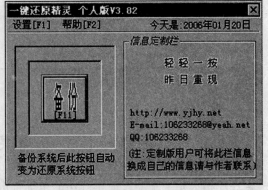

图 12-7　开机选择一键还原精灵　　　　图 12-8　一键还原精灵个人版主界面

单击"备份/还原"按钮（此按钮为智能按钮，备份系统后自动变为还原系统按钮）或按 F11 键即可备份/还原 C 盘系统。

单击"设置"菜单，选择"高级设置"，可打开"高级设置"对话框，如图 12-9 所示。各按钮功能如下：

◆ "禁止/允许重新备份"：可以允许或禁止用户使用主界面中的"备份系统"按钮。在不创建永久还原点的情况下这个功能很有用，它可以保证备份文件的健康。

◆ "永久还原点操作"：可以创建一个永久的、用户不能更改的（设置管理员密码后）还原点（备份文件），加上主界面的"备份系统"，总共有两个备份文件。建议永久还原点在刚安装好操作系统及常用软件后就创建，且不要重复创建。

◆ "启用/禁用简单模式"：如果启用简单模式，在开机时按选择键 15 秒后自动进行系统还原（15 秒内按 Esc 键可取消还原并进入主界面），实现真止的一键还原。

◆ "DOS 工具箱"：在进入 DOS 状态下可以运行 Ghost、DiskGen、NTFSDOS、SpfDisk 等几十种软件，便于维护计算机。

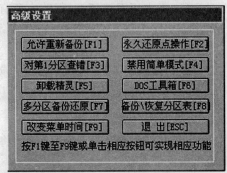

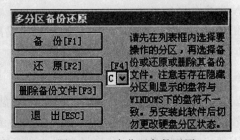

图 12-9　"高级设置"对话框　　　　　　图 12-10　多分区备份还原

◆"多分区备份还原"：可备份、还原硬盘上所有的分区，也可删除分区备份镜像文件。注意：如果硬盘上有隐藏分区，则在这个选项看到的分区符号与 Windows 下的将不一致，切勿混淆了盘符，否则将恢复出错，如图 12-10 所示。

此外，一键还原精灵还有一个安全的密码系统，可分别设置管理员密码和用户密码。如果设置了管理员密码，进入"高级设置"及使用安装程序的"卸载"选项时需输入密码，以保证一键还原精灵系统的安全性。如果设置了用户密码，在备份、还原系统时需输入密码（注意：要先设置管理员密码才能设置用户密码）。管理员密码享有系统控制权，可以代替、更改用户密码。

12.3　使用 Ghost 进行系统备份与还原

Ghost 是大名鼎鼎的 Symantec（赛门铁克）公司出品的一款优秀的备份、还原工具，在 DOS 下运行，支持 FAT、FAT32 和 NTFS 文件系统，俗称克隆精灵。它功能强大，可对分区和硬盘进行备份与还原，也可实现硬盘克隆及通过网络克隆硬盘。在使用 Ghost 进行系统备份时，为了减小备份文件的体积，建议禁用系统还原、休眠，清除临时文件和垃圾文件，将虚拟内存设置到非系统区。

12.3.1　使用 Ghost 进行系统备份

使用 Ghost 进行系统备份，有整个硬盘和分区两种方式。下面以备份 C 盘为例来讲解 Ghost 的使用方法。

启动电脑进入 DOS，在 DOS 提示符下输入"Ghost"后回车，即可开启 Ghost 程序。Ghost 程序主界面有四个可用选项：Quit（退出）、Help（帮助）、Options（选项）和 Local（本地），如图 12-11所示。在菜单中选择 Local 项，在右面弹出的菜单中有三个子项，其中 Disk 表示备份整个硬盘（即硬盘克隆），Partition 表示备份硬盘的单个分区，Check 表示检查硬盘或备份的文件，查看是否可能因分区、硬盘被破坏等造成备份或还原失败。在这里我们要对本地磁盘进行操作，应选择"Local"。当前默认选中"Local"（字体变白色），按向右方向键展开子菜单，用向上或向下方向键选择，依次选择"Local"→"Partition"→"To Image"（生成镜像），如图 12-12 所示。

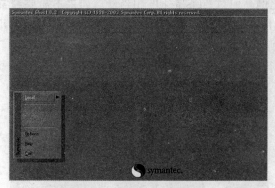

图 12-11　Ghost 程序主界面

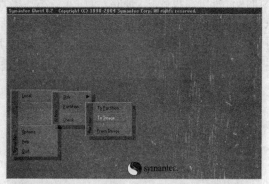

图 12-12　选择"Local"→"Partition"→"To Image"

确定"To Image"被选中（字体变白色），然后回车，弹出硬盘选择窗口，如图 12-13 所示。因为这里只有一个硬盘，所以不用选择了，直接按回车键后显示选择要操作的分区，如图 12-14 所示。

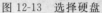

图 12-13　选择硬盘　　　　　　　　　　　图 12-14　选择要操作的分区

　　用方向键选择第一个分区(即 C 盘)后回车,这时 OK 按钮由不可用变为可用,按 Tab 键切换到"OK"按钮(字体变白色),如图 12-15 所示。回车后显示画面如图 12-16 所示,图中有五个框:最上边框(Look in)选择分区;第二个(最大的)选择目录;第三个(File name)输入镜像文件名称;第四个(File of type)文件类型,默认为 GHO 不用改。用 Tab 和方向键选择备份文件存放的分区、目录,输入备份文件名称,按回车键后准备开始备份。

图 12-15　选择第一个分区　　　　　　　　图 12-16　输入备份文件名称

　　接下来,程序询问是否压缩备份数据,并给出三个选择:No 表示不压缩,Fast 表示压缩比例小而执行备份速度较快(推荐),High 表示压缩比例高但执行备份速度相当慢。如果不需要经常执行备份与恢复操作,可选 High 压缩比例高,所用时间多 3~5 min 但镜像文件的大小可减小几百 MB。这里用向右方向键选 Fast,如图 12-17 所示。

　　选择好压缩比后,按两次回车键后即开始进行备份,如图 12-18 所示。

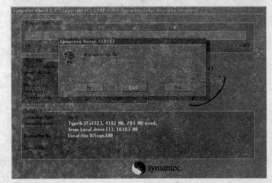

图 12-17　选择压缩比例　　　　　　　　　图 12-18　备份开始

　　整个备份过程一般需要五至十几分钟（时间长短与 C 盘数据多少、硬件速度等因素有关），完成后显示如图 12-19 所示，提示操作已经完成，按回车键后，退出到程序主界面，用向下方向键选择 Quit，如图 12-20 所示，退出 Ghost 程序。

图 12-19　备份完成

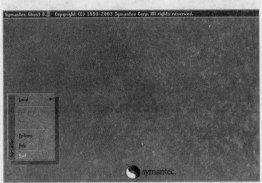
图 12-20　退出 Ghost 程序

12.3.2　使用 Ghost 进行系统还原

　　如果硬盘中已经备份的分区数据受到损坏，用一般数据修复方法不能修复以及系统被破坏后不能启动，都可以用备份的数据进行完全的恢复而无须重新安装程序或系统。当然，也可以将备份还原到另一个硬盘上。

　　运行 Ghost.exe，依次选择"Local"→"Partition"→"From Image"（恢复镜像），如图 12-21 所示。

　　按回车键确认后，进入选择镜像文件的画面，如图 12-22 所示。找到镜像文件所在的分区，并选择镜像文件。

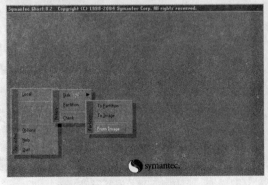
图 12-21　选择"Local"→"Partition"→"From Image"

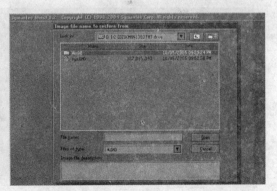
图 12-22　选择镜像文件

　　按回车键确认后，显示出选中的镜像文件备份时的备份信息，如图 12-23 所示。确认无误后，按回车键，显示将镜像文件恢复到哪个硬盘，如图 12-24 所示。

　　这里只有一个硬盘，不用选，直接按回车键，显示如图 12-25 所示，选择要恢复到哪个分区，这一步要特别小心。我们要将镜像文件恢复到 C 盘（即第一个分区），所以这里选第一项（即第一个分区），按回车键，显示如图 12-26 所示，恢复前要求确认，并提示将会覆盖选中分区破坏现有数据。

图 12-23　显示镜像文件信息

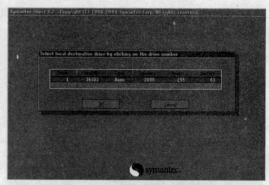

图 12-24　选择恢复到哪个硬盘

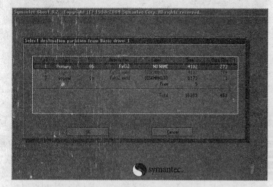

图 12-25　选择恢复到哪个分区

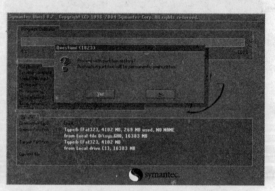

图 12-26　恢复前要求确认

选中"Yes"后，按回车键开始恢复，如图 12-27 所示。恢复完成后显示如图 12-28 所示，直接按回车键后，计算机将重新启动。启动后会发现，恢复后系统和原备份系统一模一样。

图 12-27　开始恢复

图 12-28　恢复完成

当然，有条件的用户还可以购买还原卡，使用起来更加方便、简单，它能同时保护 CMOS 参数和硬盘数据，且不占硬盘空间、快速保存、瞬间恢复、即插即用。

12.4　实　　训

使用一键还原精灵进行系统备份与还原

【目的与要求】

1. 了解一键还原精灵的原理。

2. 掌握使用一键还原精灵对系统进行备份的方法。

3. 掌握使用一键还原精灵对系统进行还原的方法。

【实训内容】

1. 上网查找并下载一键还原精灵个人版。

2. 安装一键还原精灵个人版。

3. 对一键还原精灵个人版设置密码。

4. 使用一键还原精灵个人版对系统进行备份。

5. 使用一键还原精灵个人版对系统进行还原。

12.5　习　　题

1. 简述如何使用还原向导创建还原点和还原系统。

2. 没有管理员权限的用户可以使用系统还原吗？

3. 使用一键还原精灵要注意的事项是什么？

4. Ghost 的功能有哪些？

5. 简述使用 Ghost 进行系统备份和还原的步骤。

参 考 文 献

1. 王璞. 新编计算机维护和维修标准教程. 西安:西北工业大学音像电子出版社,2005

2. 赵俊卿. 计算机组装与维修. 上海:华东师范大学出版社,2006

3. 林玫,严英怀. 新编计算机组装调试与维护应用技能培训教程. 北京:海洋出版社,2005

4. 教育部考试中心. 全国计算机等级考试一级 MS Office 教程. 天津:南开大学出版社,2004